Grundlagen der Ephemeridenrechnung

Oliver Montenbruck

Grundlagen der
Ephemeridenrechnung

7. Auflage

Wichtiger Hinweis für den Benutzer

Der Verlag, der Herausgeber und die Autoren haben alle Sorgfalt walten lassen, um vollständige und akkurate Informationen in diesem Buch zu publizieren. Der Verlag übernimmt weder Garantie noch die juristische Verantwortung oder irgendeine Haftung für die Nutzung dieser Informationen, für deren Wirtschaftlichkeit oder fehlerfreie Funktion für einen bestimmten Zweck. Der Verlag übernimmt keine Gewähr dafür, dass die beschriebenen Verfahren, Programme usw. frei von Schutzrechten Dritter sind. Die Wiedergabe von Gebrauchsnamen, Handelsnamen, Warenbezeichnungen usw. in diesem Buch berechtigt auch ohne besondere Kennzeichnung nicht zu der Annahme, dass solche Namen im Sinne der Warenzeichen- und Markenschutz-Gesetzgebung als frei zu betrachten wären und daher von jedermann benutzt werden dürften. Der Verlag hat sich bemüht, sämtliche Rechteinhaber von Abbildungen zu ermitteln. Sollte dem Verlag gegenüber dennoch der Nachweis der Rechtsinhaberschaft geführt werden, wird das branchenübliche Honorar gezahlt.

Bibliografische Information der Deutschen Nationalbibliothek

Die Deutsche Nationalbibliothek verzeichnet diese Publikation in der Deutschen Nationalbibliografie; detaillierte bibliografische Daten sind im Internet über http: //dnb.d-nb.de abrufbar.

Springer ist ein Unternehmen von Springer Science+Business Media
springer.de

7. Auflage 2005
© Spektrum Akademischer Verlag Heidelberg 2009
Spektrum Akademischer Verlag ist ein Imprint von Springer

09 10 11 12 13   5 4 3 2

Das Werk einschließlich aller seiner Teile ist urheberrechtlich geschützt. Jede Verwertung außerhalb der engen Grenzen des Urheberrechtsgesetzes ist ohne Zustimmung des Verlages unzulässig und strafbar. Das gilt insbesondere für Vervielfältigungen, Übersetzungen, Mikroverfilmungen und die Einspeicherung und Verarbeitung in elektronischen Systemen.

Planung und Lektorat: Katharina Neuser-von Oettingen, Anja Groth
Layout: Oliver Montenbruck
Umschlaggestaltung: SpieszDesign, Neu–Ulm
Titelfotografie: Photodisc

ISBN 978-3-8274-2291-0

Vorwort zur siebten Auflage

Seit dem letzten Erscheinen der *Grundlagen der Ephemeridenrechnung* sind inzwischen rund drei Jahre vergangen, in denen sich das Buch weiterhin einer ungebrochenen Nachfrage erfreut hat. Angesicht der vollständigen Neufassung des Textes für die letzte Auflage hatten sich – wohl unvermeidlich – an vielen Stellen kleinere und größere Fehler eingeschlichen, die aber dank aufmerksamer Leser nicht unentdeckt blieben. Zwar haben sich die meisten Gestirne auch in der Zwischenzeit an ihre geplanten Bahnen gehalten, ich habe aber gerne die gebotene Gelegenheit genutzt, die eine oder andere Gleichung dieses Buches wieder in Übereinstimmung mit der Wirklichkeit zu bringen. In diesem Zuge wurden auch die Zahlenwerte und Internet-Referenzen des Buches überarbeitet und – wo erforderlich – aktualisiert. Allen Lesern, die durch Ihre Hinweise und Anregungen zur Verbesserungen dieser Neuauflage beigetragen haben, möchte ich an dieser Stelle meinen herzlichen Dank aussprechen.

München, Dezember 2004 *Oliver Montenbruck*

Vorwort zur sechsten Auflage

Dem beständigen Interesse der Leser ist es zu verdanken, dass die *Grundlagen der Ephemeridenrechnung* nunmehr in der sechsten Auflage erscheinen. In der vorliegenden Fassung präsentiert sich das Buch in einem neuen und zeitgemäßen Gewand, ohne dass sich dadurch seine grundlegende Zielsetzung geändert hätte.

Das Buch wendet sich an Schüler, Studenten und Amateurastronomen, die gerne selbst die Stellung der Planeten und Gestirne am Himmel berechnen wollen. Es versteht sich als Einführung in diese spannende Materie und bildet so eine ideale Ergänzung zu traditionellen astronomischen Jahrbüchern. Dem Leser werden dabei alle erforderlichen Werkzeuge und Daten zur Verfügung gestellt:

- die grundlegenden Definitionen wichtiger Begriffe, insbesondere der verschiedenen Koordinatensysteme,
- die notwendigen Formeln und Beziehungen und
- die erforderlichen Zahlenwerte, wie Bahnelemente, Massen und astronomische Konstanten.

Auf Ableitungen der Formeln wurde im Wesentlichen verzichtet, um die Übersichtlichkeit und den Zusammenhang der Darstellung nicht zu verlieren. Im Anhang ist jedoch eine knappe Ableitung des Zweikörperproblems gegeben, die dem interessierten Leser ein tieferes Verständnis und den Einstieg in die weiterführende Literatur ermöglichen.

Anstelle fertiger Programme bietet das Buch zahlreiche Beispiele, die Schritt für Schritt die einzelnen Rechenwege illustrieren und den Nutzern von Taschenrechner und Tabellenkalkulation ebenso zu Gute kommen, wie fortgeschrittenen Computernutzern und Softwareentwicklern.

Für die vorliegende Neuauflage wurde das Buch in weiten Teilen überarbeitet. Die Zahlenwerte im Text sowie im umfangreichen Tabellenteil wurden durchgängig aktualisiert und an die derzeit gängigen Standards angepasst. Im gleichen Zuge wurden eine Vielzahl von Beispielen neu gestaltet und für aktuelle Epochen umformuliert. Ergänzt wird das Buch durch ein Glossar, das wichtige Begriffe in kurzer und prägnanter Form erläutert und mit freundlicher Genehmigung des Springer Verlags, Heidelberg, aufgenommen wurde.

Herrn Dr. M. Neumann und Frau B. Wehner vom Verlag Sterne und Weltraum danke ich für das Interesse am Erscheinen dieser Neuauflage und die tatkräftige Unterstützung bei der graphischen Gestaltung. Weite Teile des ursprünglichen Manuskripts wurden dankenswerter Weise von Herrn R. Götz in LaTeX erfasst. Für die trotz sorgfältiger Durchsicht des Textes verbliebenden Schreib- und Rechenfehler liegt die Verantwortung jedoch alleine auf Seiten des Autors, der hiermit alle Leser um Verständnis bittet und entsprechende Hinweise gerne entgegennimmt.

München, Mai 2001 *Oliver Montenbruck*

Inhaltsverzeichnis

1 Koordinatensysteme	**1**
1.1 Grundlagen	1
1.2 Die verschiedenen astronomischen Koordinatensysteme	3
1.2.1 System der Bahnebene	5
1.2.2 Heliozentrisches ekliptikales Koordinatensystem	6
1.2.3 Geozentrisches ekliptikales Koordinatensystem	7
1.2.4 Geozentrisches äquatoriales Koordinatensystem	8
1.2.5 Topozentrisches äquatoriales Koordinatensystem	9
1.2.6 Horizontales Koordinatensystem	10
1.3 Transformation der verschiedenen Systeme	11
1.3.1 Bahnebene – heliozentrisch ekliptikal	11
1.3.2 Heliozentrisch ekliptikal – geozentrisch ekliptikal	13
1.3.3 Geozentrisch ekliptikal – geozentrisch äquatorial	14
1.3.4 Geozentrisch äquatorial – topozentrisch äquatorial	15
1.3.5 Äquatorial – horizontal	16
1.3.6 Refraktion	17
1.3.7 Auf- und Untergangszeiten	18
1.4 Präzession und Nutation	21
1.4.1 Präzession	21
1.4.2 Nutation	28
1.5 Aberration und Lichtlaufzeit	30
Rechenbeispiele	33
2 Zeitrechnung	**41**
2.1 Das Julianische Datum	41
2.1.1 Bestimmung des Julianischen Datums	42
2.1.2 Bestimmung des Kalenderdatums aus dem Julianischen Datum	43
2.2 Die verschiedenen Zeitdefinitionen	43
2.2.1 Internationale Atomzeit	43
2.2.2 Ephemeridenzeit und Dynamische Zeit	43
2.2.3 Weltzeit	45

	2.2.4 Koordinierte Weltzeit	46
	2.2.5 Sternzeit	46
2.3	Standardepochen und Besseljahr	48
Rechenbeispiele		49

3 Das Zweikörperproblem — 51

3.1	Der Ort im Zweikörperproblem	51
	3.1.1 Elliptische Bahn	52
	3.1.2 Parabolische Bahn	58
	3.1.3 Hyperbolische Bahn	61
	3.1.4 Geradlinige Bahn	64
	3.1.5 Reihenentwicklungen	65
3.2	Die zeitliche Änderung des Ortes im Zweikörperproblem	67
	3.2.1 Winkelgeschwindigkeit	67
	3.2.2 Vis-viva-Satz	67
	3.2.3 Geschwindigkeitsvektor	68
3.3	Bestimmung der Bahnelemente aus Ort und Geschwindigkeit	69
	3.3.1 Die Lage der Bahnebene	70
	3.3.2 Die Bahnform	71
	3.3.3 Perihellänge	72
	3.3.4 Perihelzeit	74
Rechenbeispiele		77

4 Das Mehrkörperproblem — 81

4.1	Analytische Methoden	81
	4.1.1 Grundlagen	81
	4.1.2 Die Newcombsche Sonnentheorie	83
	4.1.3 Planetentheorien	87
4.2	Numerische Integration	87
	4.2.1 Berechnung der Beschleunigungen	89
Rechenbeispiele		92

5 Die Mondbahn — 95

5.1	Die mittleren Längen	95
5.2	Die wahre ekliptikale Länge	96
5.3	Die ekliptikale Breite des Mondes	97
5.4	Entfernung, Halbmesser und Parallaxe	97
5.5	Die Lage des Erdmittelpunktes	98
Rechenbeispiele		100

6 Physische Ephemeriden ... 101
6.1 Durchmesser ... 101
6.2 Elongation und Positionswinkel der Sonne ... 102
6.3 Beleuchtung der Scheibe ... 103
    6.3.1 Phasenwinkel ... 103
    6.3.2 Phase ... 104
    6.3.3 Beleuchtungsdefekt ... 104
6.4 Rotation ... 105
    6.4.1 Lage der Rotationsachse ... 105
    6.4.2 Lage des Nullmeridians ... 105
    6.4.3 Positionswinkel der Achse ... 108
    6.4.4 Planetographische Koordinaten, Zentralmeridian .. 109
6.5 Scheinbare Helligkeiten ... 111
Rechenbeispiele ... 112

Anhang ... 115
A.1 Grundformeln zur Berechnung sphärischer Dreiecke 115
A.2 Aufstellung von Transformationsformeln über Drehmatrizen 116
A.3 Ableitung der Kegelschnittsgleichungen ... 119
A.4 Ableitung der Gesetze der Zweikörperbewegung ... 123
    A.4.1 Mathematische Hilfsmittel ... 123
    A.4.2 Schwerpunktsatz und Übergang ins Relativsystem . 124
    A.4.3 Bahnform und Energiesatz ... 126
    A.4.4 Zeitabhängigkeit der Bewegung ... 128
A.5 Tabelle des Julianischen Datums von 1900 bis 2075 132
A.6 Tabelle der Differenz TT–UT ... 136
A.7 Mittlere Bahnelemente der inneren Planeten ... 137
A.8 Oskulierende Bahnelemente der äußeren Planeten ... 140
A.9 Bahnelemente periodischer Kometen ... 151
A.10 Wichtige Zahlenwerte ... 158

Glossar ... 161

Literaturverzeichnis ... 167

Sachwortverzeichnis ... 171

1 Koordinatensysteme

1.1 Grundlagen

Um den Ort eines Körpers im Raum zu beschreiben, benötigt man ein Koordinatensystem, das durch einen Nullpunkt, eine Bezugsrichtung und eine Bezugsebene festgelegt ist. Man unterscheidet zwischen kartesischen (rechtwinkligen) Koordinaten und sphärischen Koordinaten (Polarkoordinaten).

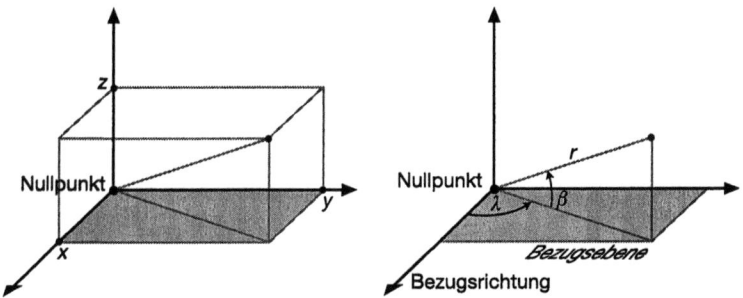

Abb. 1.1: Darstellung eines Punktes in kartesischen Koordinaten

Abb. 1.2: Darstellung eines Punktes in Polarkoordinaten

Grundlage des kartesischen Systems sind die drei Koordinatenachsen (x-, y- und z-Achse), die sich im Nullpunkt schneiden. Bezugsrichtung ist die x-Achse, Bezugsebene die x-y-Ebene. Die Koordinaten x, y und z, die einen bestimmten Punkt beschreiben, sind die Längen der Projektion des Punktes auf die entsprechenden Achsen.

Im Polarkoordinatensystem werden der Winkel zwischen der Grundebene und der Verbindung Nullpunkt-Punkt (β), der Winkel zwischen der Projektion dieser Verbindung auf die Grundebene und der Bezugsrichtung (λ) sowie die Entfernung r des Punktes vom Nullpunkt angegeben.

Im Prinzip sind beide Darstellungen des Ortes eines Punktes im Raum völlig gleichwertig, die sphärischen Koordinaten bieten aber gerade in der Astronomie den Vorteil, dass man sich auf die Angabe von zwei Koordinaten beschränken kann, wenn man nichts über die Entfernung eines Punktes (z.B. eines Sterns) weiß. Die folgenden Formeln geben die später immer wieder benötigte Transformation der beiden Systeme an.

Sphärisch in kartesisch

$x = r \cdot \cos(\beta) \cdot \cos(\lambda)$
$y = r \cdot \cos(\beta) \cdot \sin(\lambda)$
$z = r \cdot \sin(\beta)$

Kartesisch in sphärisch

$r = \sqrt{x^2 + y^2 + z^2}$ $\rho = \sqrt{x^2 + y^2}$

$\beta = +90°, 0°, -90°$ für $\rho = 0$ und $z > 0, z = 0, z < 0$
$ = \arctan(z/\rho)$ für $\rho \neq 0$

$\lambda = 0°$ für $x = 0$ und $y = 0$
$ = \varphi$ für $x \geq 0$ und $y \geq 0$
$ = 360° + \varphi$ für $x \geq 0$ und $y < 0$
$ = 180° - \varphi$ für $x < 0$

mit $\varphi = 2 \arctan \dfrac{y}{|x| + \sqrt{x^2 + y^2}}$

Die Definition der einzelnen Größen geht aus Abb. 1.1 und Abb. 1.2 hervor. Die Winkel werden dabei alle im Gradmaß gemessen. Voraussetzung ist ferner, dass sich beide Systeme auf denselben Nullpunkt, die selbe Bezugsrichtung und die selbe Bezugsebene beziehen.

Wichtiger Hinweis:

In den folgenden Kapiteln werden häufig drei Gleichungen der Form

$\cos(a)\cos(b) = \ldots (= x)$
$\cos(a)\sin(b) = \ldots (= y)$
$\sin(a) = \ldots (= z)$

zur Bestimmung zweier unbekannter Winkel a und b angegeben. Die rechten Seiten – hier mit x, y und z bezeichnet – sind dabei bekannte Größen. Zur eindeutigen Auflösung nach a und b verwendet man das obige Verfahren. Bestimmt man die zu (x, y, z) gehörigen Polarkoordinaten (λ, β, r), dann ist λ der gesuchte Winkel a und β der gesuchte Winkel b. Für r ergibt sich immer der Wert Eins.

1.2 Die verschiedenen astronomischen Koordinatensysteme

Neben der Angaben von Winkeln im Gradmaß ist in der Astronomie auch die Zählung im Zeitmaß üblich. Einem Winkel von 360° entsprechen dabei 24^h. Kleinere Unterteilungen sind Zeitminuten und Zeitsekunden. Es gelten folgende Umrechnungen:

$1^h \; \widehat{=} \; 15°$ $1° \; \widehat{=} \; 4^m$
$1^m \; \widehat{=} \; 15'$ $1' \; \widehat{=} \; 4^s$
$1^s \; \widehat{=} \; 15''$ $1'' \; \widehat{=} \; 0\overset{s}{.}067$.

Bei der Berechnung von Winkelfunktionen solcher im Zeitmaß angegebenen Winkel ist darauf zu achten, dass der Winkel vorher ins Gradmaß übertragen wird!
In einigen Formeln wird daneben auch die Zählung im Bogenmaß verwendet. Es gilt die Umrechnung

$$2\pi = 360°$$.

Die gebräuchlichste Entfernungseinheit der Ephemeridenrechnung ist die Astronomische Einheit (AE). Eine AE ist nahezu gleich der mittleren Entfernung Erde–Sonne:

$$1 \, \text{AE} = 149.59787 \, \text{Mio. km}$$.

Die strenge Definition der AE ist im Anhang wiedergegeben.

1.2 Die verschiedenen astronomischen Koordinatensysteme

Betrachtet man die Bahn der Erde um die Sonne, so stellt man fest, dass alle Punkte dieser Bahn in einer Ebene liegen, die durch die Mitte der Sonne geht. Man bezeichnet diese Ebene als *Ekliptik*.

Ein weiterer wichtiger Begriff ist der des Himmelsäquators. Legt man eine Ebene durch den Erdmittelpunkt, die senkrecht auf der Erdachse steht, dann schneidet diese Ebene die Erdoberfläche im Erdäquator. Die Ebene wird als *Himmelsäquator* oder auch kurz als *Äquator* bezeichnet. Da die Erdachse nahezu fest im Raum steht, verändert sich auch die Lage des Äquators praktisch nicht.

Legt man nun eine Ebene durch den Sonnenmittelpunkt, die parallel zur Äquatorebene liegt, dann schneidet sich diese mit der Ekliptik in einer Gerade, die wieder durch die Sonne geht. Die Richtungen, in der diese Gerade zeigt, bezeichnet man als *Frühlingspunkt* (Υ) und *Herbstpunkt* ($\triangleq$).

Als Frühlingspunkt ist dabei die Richtung definiert, in der die Sonne von der Erde aus erscheint, wenn sie zu Frühlingsbeginn auf ihrer scheinbaren Bahn auf die Nordseite des Äquators wechselt.

Man hat somit im Raum zwei Ebenen und eine Bezugsrichtung festgelegt, die im folgenden als Grundlage für verschiedene Koordinatensysteme dienen. Dabei stellt sich jedoch das Problem, dass über lange Zeiträume hinweg weder der Äquator noch die Ekliptik wirklich fest im Raum stehen, sondern eine als Präzession bekannte Bewegung ausführen. Die Diskussion dieser Bewegung erfolgt in Abschn. 1.4 dieses Kapitels. An dieser Stelle sei nur bemerkt, dass durch eine Angabe der Form *Äquinoktium t* gekennzeichnet wird, auf welchen Zeitpunkt t sich die Angaben der Koordinaten beziehen. So bedeutet *Äquinoktium J2000.0* etwa, dass sich die Koordinaten auf die Lage von Äquator, Ekliptik und Frühlingspunkt des Jahres 2000 beziehen (genau genommen auf den Anfang des Julianischen Jahres 2000, vgl. Abschn. 2.3)

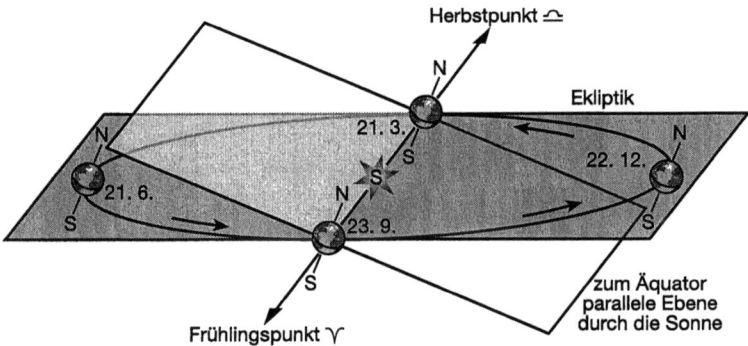

Abb. 1.3: Lage von Ekliptik und Äquator

1.2.1 System der Bahnebene

Die einfachste Möglichkeit, die Bahn eines Planeten um die Sonne zu beschreiben, besteht darin, die Bahnebene als Bezugsebene zu wählen. Man benötigt dann nur zwei Koordinaten (r, u oder x, y) zur Angabe des Planetenortes.

Ursprung: Sonne
Bezugsebene: Bahnebene des Planeten
Bezugsrichtung: aufsteigender Knoten
(Richtung von der Sonne zu dem Punkt, in dem der Planet die Ekliptik von Süden nach Norden – also *aufsteigend* – durchstößt)
Koordinaten:
r: Entfernung von der Sonne
u: Argument der Breite; Winkel zwischen der Verbindungslinie Sonne–Planet und dem aufsteigenden Knoten; gemessen von 0° bis 360° in Bewegungsrichtung des Planeten.
x, y: Definition der Koordinatenachsen wie in Abb. 1.4. Es gilt:
$$x = r\cos(u)$$
$$y = r\sin(u)$$

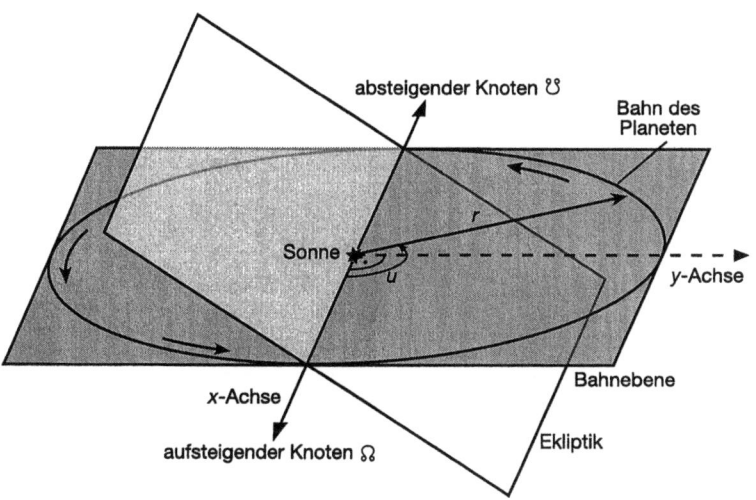

Abb. 1.4: Koordinaten eines Punktes im System der Bahnebene

1.2.2 Heliozentrisches ekliptikales Koordinatensystem

Da sich die meisten Planeten in Bahnen um die Sonne bewegen, die nur leicht gegen die Ekliptik geneigt sind, ist das heliozentrische ekliptikale Koordinatensystem sehr gut geeignet, alle Planetenbahnen zusammen möglichst einfach darzustellen.

Ursprung: Sonne
Bezugsebene: Ekliptik eines festen Äquinoktiums
Bezugsrichtung: Frühlingspunkt eines festen Äquinoktiums
Koordinaten:
- r: Entfernung von der Sonne
- b: ekliptikale Breite; Winkel zwischen der Linie Sonne–Planet und der Ekliptik, gemessen von Süden ($-90°$) nach Norden ($+90°$).
- l: ekliptikale Länge; Winkel zwischen dem Frühlingspunkt und der Projektion der Linie Sonne–Planet auf die Ekliptik, gemessen von $0°$ bis $+360°$ in Richtung der Bewegung der Erde um die Sonne.
- x, y, z Die Festlegung der Achsen geht aus Abb. 1.5 hervor. Es gilt:
$$x = r \cos(b) \cos(l)$$
$$y = r \cos(b) \sin(l)$$
$$z = r \sin(b)$$

Pole: Die Richtung der positiven z-Achse wird als ekliptikaler Nordpol bezeichnet. Alle Punkte mit $b > 0$ oder $z > 0$ liegen nördlich der Ekliptik, alle mit $b < 0$ oder $z < 0$ südlich.

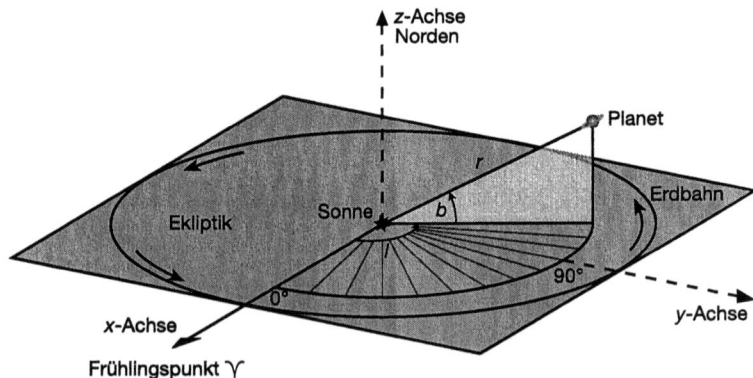

Abb. 1.5: Darstellung eines Punktes in heliozentrischen ekliptikalen Koordinaten

1.2.3 Geozentrisches ekliptikales Koordinatensystem

Verlegt man – ausgehend vom heliozentrischen ekliptikalen System – den Ursprung in den Erdmittelpunkt, dann erhält man das geozentrische ekliptikale Koordinatensystem. Ein im heliozentrischen System ruhender Punkt erscheint im geozentrischen Sytem bewegt, da sich die Stellung der Erde relativ zur Sonne ständig ändert.

Ursprung: Erdmittelpunkt
Bezugsebene: Ekliptik eines festen Äquinoktiums
Bezugsrichtung: Frühlingspunkt eines festen Äquinoktiums
Koordinaten:
- Δ: Entfernung von der Erde
- β: ekliptikale Breite; Winkel zwischen der Linie Erde–Planet und der Ekliptik, gemessen von Süden ($-90°$) nach Norden ($+90°$).
- λ: ekliptikale Länge; Winkel zwischen dem Frühlingspunkt und der Projektion der Linie Erde–Planet auf die Ekliptik, gemessen von $0°$ bis $+360°$ in Richtung der Bewegung der Erde um die Sonne.
- x, y, z Die Festlegung der Achsen geht aus Abb. 1.6 hervor. Es gilt:
$$x = \Delta \cos(\beta) \cos(\lambda)$$
$$y = \Delta \cos(\beta) \sin(\lambda)$$
$$z = \Delta \sin(\beta)$$

Pole: Die positive z-Achse weist zum ekliptikalen Nordpol, die entgegengesetzte zum Südpol. Alle Punkte mit $\beta > 0$ oder $z > 0$ liegen nördlich der Ekliptik.

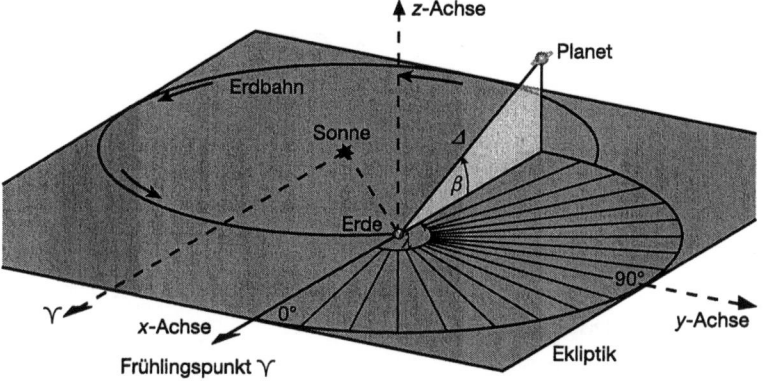

Abb. 1.6: Darstellung eines Punktes in geozentrischen ekliptikalen Koordinaten

1.2.4 Geozentrisches äquatoriales Koordinatensystem

Gibt man den Ort des Planeten vom Erdmittelpunkt aus gesehen in Bezug auf den Himmelsäquator an, dann erhält man die in der Astronomie allgemein üblichen Koordinaten *Rektaszension* und *Deklination*.

Ursprung: Erdmittelpunkt
Bezugsebene: Äquator eines festen Äquinoktiums
Bezugsrichtung: Frühlingspunkt eines festen Äquinoktiums
Koordinaten:
- Δ: Entfernung von der Erde
- δ: Deklination; Winkel zwischen der Linie Erde–Planet und dem Himmelsäquator, gemessen von Süden ($-90°$) nach Norden ($+90°$).
- α: Rektaszension; Winkel zwischen dem Frühlingspunkt und der Projektion der Linie Erde–Planet auf den Äquator, gemessen von 0^h bis 24^h in Richtung der Bewegung der Erde um die Sonne.
- x, y, z: Die Festlegung der Achsen geht aus Abb. 1.7 hervor. Es gilt:
$$x = \Delta \cos(\delta) \cos(\alpha)$$
$$y = \Delta \cos(\delta) \sin(\alpha)$$
$$z = \Delta \sin(\delta)$$

Pole: Die positive z-Achse weist in Richtung des Nordpols der Erde. Punkte mit $\delta > 0$ ($z > 0$) liegen nördlich des Äquators.

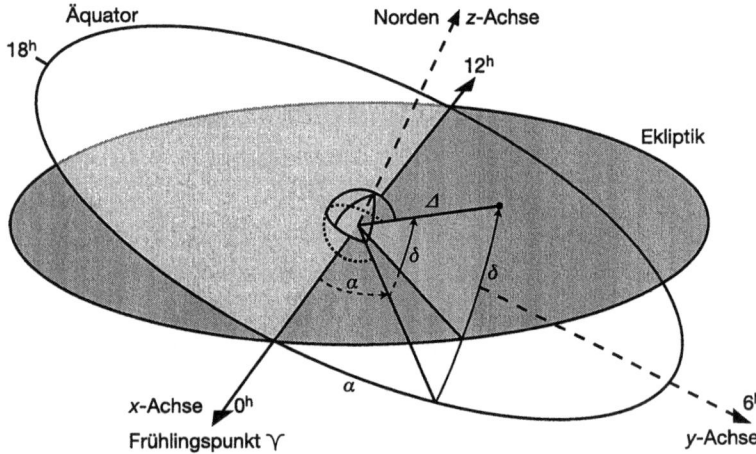

Abb. 1.7: Darstellung eines Punktes in geozentrischen äquatorialen Koordinaten

1.2.5 Topozentrisches äquatoriales Koordinatensystem

Unter einem topozentrischen Koordinatensystem versteht man ein Koordinatensystem, dessen Ursprung auf der Oberfläche der Erde liegt. Als Bezugsebene wird eine Ebene verwendet, die parallel zum Äquator liegt und durch den ausgewählten Punkt der Erdoberfläche geht. Bezugsrichtung ist wieder der Frühlingspunkt. Das topozentrische Koordinatensystem ist damit bis auf die Verlagerung des Nullpunktes mit dem geozentrischen äquatorialen System identisch. Abgesehen von sehr kleinen Erdentfernungen (Mond, Satelliten) unterscheiden sich auch die Koordinaten eines Objektes in den beiden Systemen nur unwesentlich. In jedem Fall sind in Abschn. 1.3.4 die entsprechenden Transformationen zu finden. Man sollte sich allerdings klar darüber sein, dass man zur Berechnung der horizontalen Koordinaten (siehe Abschn. 1.2.6) eigentlich von topozentrischen Koordinaten ausgehen muss.

In diesem Zusammenhang sollen hier noch einige Punkte bemerkt werden:

- die Deklination des *Zenits* (d.h. des Punktes senkrecht über dem Beobachter) ist (topozentrisch und geozentrisch) gleich der geographischen Breite des Beobachters, wenn man einmal von der leichten Abplattung der Erde absieht;
- die Rektaszension des Zenits hängt dagegen von der geographischen Länge und der Uhrzeit, nicht aber von der Breite des Beobachters ab.

Man kann damit die wichtigen Begriffe Sternzeit und Stundenwinkel einführen:

- Die *Sternzeit* θ ist die auf den momentanen Frühlingspunkt und Äquator bezogene Rektaszension des Zenitpunktes. Zu einem bestimmten Zeitpunkt hat sie für alle Beobachter auf gleicher geographischer Länge den gleichen Wert.
- Der *Stundenwinkel* t ist die Differenz zwischen der Sternzeit und der auf den momentanen Frühlingspunkt und Äquator bezogenen Rektaszension eines Sterns: $t = \theta - \alpha$.

Die Sternzeit ist damit der Stundenwinkel des Frühlingspunktes (vgl. Abb. 1.2.5). Die Größen θ und t werden wie α im Zeitmaß gemessen.

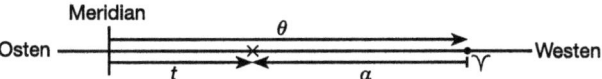

Abb. 1.8: Zusammenhang zwischen Sternzeit (θ), Rektaszension (α) und Stundenwinkel (t)

1.2.6 Horizontales Koordinatensystem

Für den Beobachter auf der Erdoberfläche ist das horizontale Koordinatensystem das natürlichste. Von Bedeutung ist es allerdings hauptsächlich für die Navigation und die Berechnung von Auf- und Untergangszeiten. In der Ephemeridenrechnung wird es kaum verwendet.

Ursprung: Beobachter auf der Erdoberfläche am Ort der geographischen Breite φ

Bezugsebene: Horizont

Bezugsrichtung: Süden (Richtung, in der die Orte gleicher geographischer Länge, aber kleinerer geographischer Breite liegen)

Koordinaten:
h: Höhe über dem Horizont, gemessen von $-90°$ (Nadir) bis $+90°$ (Zenit)

A: Azimut; Winkel zwischen dem Großkreis durch Zenit und Himmelspol und dem Großkreis durch den Zenit und das beobachtete Objekt. Er wird von Süden über Westen (!) von $0°$ bis $360°$ gemessen. Winkel über $180°$ werden häufig durch den entsprechenden Wert zwischen $-180°$ bis $0°$ ersetzt.

Vorsicht: Es gibt auch eine Zählung, die im Norden beginnt!

Auf die Angabe einer Entfernung wird in diesem System allgemein verzichtet.

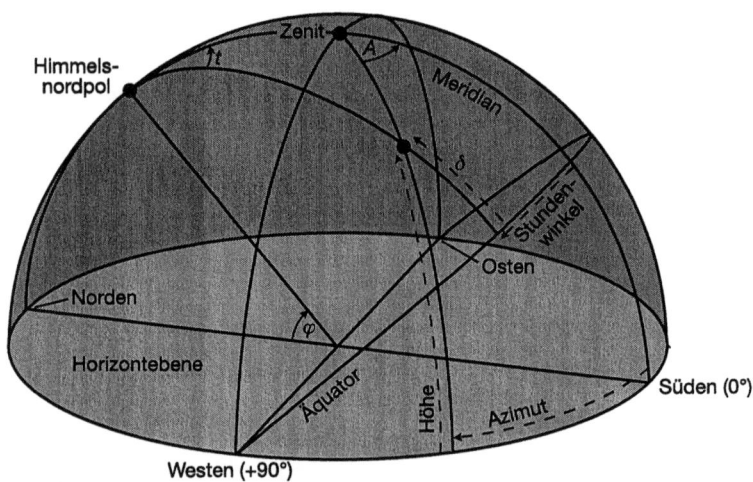

Abb. 1.9: Darstellung eines Punktes in horizontalen und äquatorialen topozentrischen Koordinaten

1.3 Transformation der verschiedenen Systeme

1.3.1 Bahnebene – heliozentrisch ekliptikal

Um aus bekannten Koordinaten in der Bahnebene die heliozentrischen ekliptikalen Koordinaten berechnen zu können, benötigt man zwei Größen, die die Lage der Bahn in Bezug auf die Ekliptik festlegen:

Ω Länge des aufsteigenden Knotens im heliozentrischen ekliptikalen Koordinatensystem eines bestimmten Äquinoktiums.

i Winkel zwischen der Ekliptik und der Bahnebene; gemessen von $0°$ bis $90°$ im Falle rechtläufiger Bewegung und von $180°$ bis $90°$ im Falle rückläufiger Bewegung.
Rechtläufig: Die Projektion der Bewegung auf die Ekliptik hat den gleichen Drehsinn wie die Bewegung der Erde.
Rückläufig: Entgegengesetzter Drehsinn.

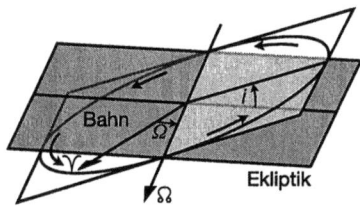

Abb. 1.10: Rechtläufige Bewegung; i ist der spitze Schnittwinkel ($0° \leq i \leq 90°$)

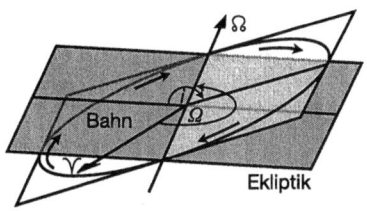

Abb. 1.11: Rückläufige Bewegung; i ist der stumpfe Winkel ($180° \geq i \geq 90°$)

$$\cos(b)\cos(l - \Omega) = \cos(u)$$
$$\cos(b)\sin(l - \Omega) = \sin(u)\cos(i)$$
$$\sin(b) = \sin(u)\sin(i)$$

l, b, r heliozentrische ekliptikale Koordinaten
u, r Bahnkoordinaten

r bezeichnet in beiden Systemen die Entfernung und wird nicht transformiert. Das Äquinoktium der ekliptikale Koordinaten ist gleich dem der Bahnelemente Ω und i.

Ist man an den kartesischen Koordinaten interessiert, dann verwendet man besser die folgenden Beziehungen:

$x = r \cdot (\cos u \cos \Omega - \sin u \cos i \sin \Omega)$
$y = r \cdot (\cos u \sin \Omega + \sin u \cos i \cos \Omega)$
$z = r \cdot (\sin u \sin i)$

x, y, z kartesische heliozentrische ekliptikale Koordinaten
u, r Argument der Breite und Entfernung Sonne–Planet
Ω Länge des aufsteigenden Knotens
i Neigung der Bahnebene gegen die Ekliptik

Gaußsche Vektoren

Die Orientierung der Bahn innerhalb der Bahnebene wird – wie in Kap. 3 beschrieben – durch den Winkel ω zwischen Perihel und aufsteigendem Knoten festgelegt (vgl. Abb. 1.4). Setzt man $u = \omega$ und $r = 1$ in die obigen Formeln ein, so erhält man die Koordinaten (P_x, P_y, P_z) eines Vektors P der Länge Eins in Richtung des Perihels. Entsprechend liefert $u = \omega + 90°$ die Koordinaten (Q_x, Q_y, Q_z) eines Vektors Q, der wie P in der Bahnebene liegt, aber um 90° gegen P gedreht ist. Hiermit lässt sich die obige Formel wie folgt schreiben:

$$\begin{pmatrix} x \\ y \\ z \end{pmatrix} = r \cdot \cos(v) \cdot \begin{pmatrix} P_x \\ P_y \\ P_z \end{pmatrix} + r \cdot \sin(v) \cdot \begin{pmatrix} Q_x \\ Q_y \\ Q_z \end{pmatrix}$$

mit
$$P = \begin{pmatrix} +\cos \omega \cos \Omega - \sin \omega \cos i \sin \Omega \\ +\cos \omega \sin \Omega + \sin \omega \cos i \cos \Omega \\ +\sin \omega \sin i \end{pmatrix}$$

$$Q = \begin{pmatrix} -\sin \omega \cos \Omega - \cos \omega \cos i \sin \Omega \\ -\sin \omega \sin \Omega + \cos \omega \cos i \cos \Omega \\ +\cos \omega \sin i \end{pmatrix}$$

x, y, z kartesische heliozentrische ekliptikale Koordinaten
P Vektor der Länge Eins in Richtung des Perihels
Q Einheitsvektor in der Bahnebene; senkrecht zu P
v, r Wahre Anomalie und Entfernung von der Sonne

Diese Darstellung ist dann besonders bequem, wenn man viele Punkte einer Bahn bestimmen will, da P und Q nur einmal berechnet werden müssen. Anstelle von $r \cdot \cos(v)$ und $r \cdot \sin(v)$ setzt man dann die enstprechenden Ausdrücke aus Kap. 3 ein.

1.3.2 Heliozentrisch ekliptikal – geozentrisch ekliptikal

Um diese Transformation durchführen zu können, benötigt man die heliozentrischen Koordinaten der Erde bzw. die geozentrischen Koordinaten der Sonne. Die notwendigen Gleichungen ergeben sich unmittelbar aus Abb. 1.12.

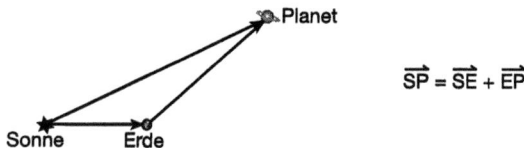

$$\vec{SP} = \vec{SE} + \vec{EP}$$

Abb. 1.12: Heliozentrische und geozentrische Koordinaten

$$r\cos(b)\cos(l) = R\cos(B)\cos(L) + \Delta\cos(\beta)\cos(\lambda)$$
$$r\cos(b)\sin(l) = R\cos(B)\sin(L) + \Delta\cos(\beta)\sin(\lambda)$$
$$r\sin(b) = R\sin(B) + \Delta\sin(\beta)$$

L, B, R heliozentrische ekliptikale Erdkoordinaten
l, b, r heliozentrische ekliptikale Planetenkoordinaten
λ, β, Δ geozentrische ekliptikale Planetenkoordinaten

Das Äquinoktium der transformierten Koordinaten ist gleich dem Äquinoktium der Ausgangskoordinaten.

Die obigen Formeln berücksichtigen den allgemeinen Fall, dass die ekliptikale Breite der Erde nicht verschwindet. Dies ist insbesondere dann der Fall, wenn man sich nicht auf das momentane Äquinoktium bezieht (vgl. Abschn. 1.4). Bei geringeren Anforderungen an die Genauigkeit kann B jedoch gleich Null gesetzt werden.

Ferner lassen sich die angegebenen Beziehungen auch für äquatoriale Koordinaten verwenden, wenn man die Längen durch die Rektaszensionen und die Breiten durch die Deklinationen der einzelnen Objekte ersetzt.

1.3.3 Geozentrisch ekliptikal – geozentrisch äquatorial

Mit Hilfe der folgenden Formeln lassen sich geozentrische ekliptikale Koordinaten in äquatoriale verwandeln. Dazu benötigt man noch den Wert der so genannten Schiefe der Ekliptik, die die relative Lage von Äquator und Ekliptik festlegt:

ε Winkel, unter dem sich Äquator und Ekliptik schneiden. Der Winkel ist zeitlich veränderlich und muss entsprechend dem Äquinoktium der Ausgangsdaten berechnet werden.
Z.B. ist $\varepsilon_{B1950} = 23°26'44.''86$, $\varepsilon_{J2000} = 23°26'21.''45$.

Hilfsgrößen

$T = (JD - 2451545.0)/36525$

$\varepsilon = 23°26'21.''45 - 46.''82\,T$
$ = 23.°439291 - 0.°013004\,T$

Ekliptikal in äquatorial

$\cos(\delta)\cos(\alpha) = \cos(\beta)\cos(\lambda)$
$\cos(\delta)\sin(\alpha) = \cos(\varepsilon)\cos(\beta)\sin(\lambda) - \sin(\varepsilon)\sin(\beta)$
$\sin(\delta) = \sin(\varepsilon)\cos(\beta)\sin(\lambda) + \cos(\varepsilon)\sin(\beta)$

Äquatorial in ekliptikal

$\cos(\beta)\cos(\lambda) = \cos(\delta)\cos(\alpha)$
$\cos(\beta)\sin(\lambda) = \cos(\varepsilon)\cos(\delta)\sin(\alpha) + \sin(\varepsilon)\sin(\delta)$
$\sin(\beta) = \cos(\varepsilon)\sin(\delta) - \sin(\varepsilon)\cos(\delta)\sin(\alpha)$

JD	Julianisches Datum des Äquinoktiums
T	Jahrhunderte seit 1. Jan. 2000, 12^h
ε	Ekliptikschiefe; muss für das Äquinoktium der Ausgangsdaten berechnet werden
α, δ	äquatoriale geozentrische Koordinaten
λ, β	ekliptikale geozentrische Koordinaten

Δ bezeichnet in beiden Systemen die Entfernung vom Erdmittelpunkt und wird nicht transformiert. Das Äquinoktium der Ausgangsdaten ist gleich dem der transformierten Werte.

1.3.4 Geozentrisch äquatorial – topozentrisch äquatorial

Die geozentrischen und die topozentrischen Koordinaten eines Objektes unterscheiden sich maximal um die so genannte *Horizontalparallaxe* $p = \arcsin(\rho/r)$. Sie beträgt bei der Sonne im Mittel $8\rlap{.}''79$, beim Mond rund $57'$. Falls dieser Winkel für die jeweils erforderliche Genauigkeit zu groß ist, kann man die exakten Koordinaten aus den nachfolgenden Formeln bestimmen.

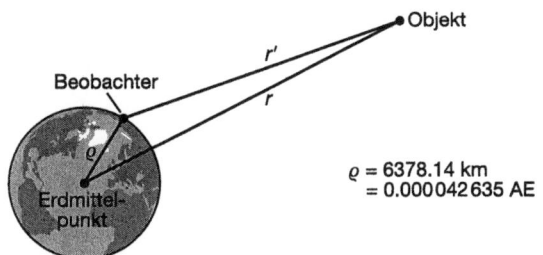

$\varrho = 6378.14$ km
$= 0.000\,042\,635$ AE

Abb. 1.13: Geozentrische und topozentrische Koordinaten

$$\Delta \cos(\delta) \cos(\alpha) = \Delta' \cos(\delta') \cos(\alpha') + \rho \cos(\phi) \cos(\theta)$$
$$\Delta \cos(\delta) \sin(\alpha) = \Delta' \cos(\delta') \sin(\alpha') + \rho \cos(\phi) \sin(\theta)$$
$$\Delta \sin(\delta) = \Delta' \sin(\delta') + \rho \sin(\phi)$$

α, δ, Δ geozentrische äquatoriale Koordinaten des Objektes
$\alpha', \delta', \Delta'$ topozentrische äquatoriale Koordinaten des Objektes
θ Sternzeit des Beobachters
ϕ, φ geozentrische und geographische Breite des Beobachtungsortes; $\phi = \varphi - 0\rlap{.}°1924 \sin(2\varphi)$
ρ Entfernung des Beobachtungsortes vom Erdmittelpunkt; $\rho \approx 6378.14\,\text{km} - 21.38\,\text{km} \cdot \sin^2(\varphi)$

Alle Koordinaten beziehen sich auf das Äquinoktium des Beobachtungszeitpunktes. Für große Entfernungen ($\rho \ll \Delta$) lassen sich auch folgende Näherungen verwenden:

$$\alpha - \alpha' = \frac{8\rlap{.}''79}{\Delta\,[\text{AE}]} \cdot \frac{\cos(\phi) \sin(\theta - \alpha)}{\cos(\delta)}$$
$$\delta - \delta' = \frac{8\rlap{.}''79}{\Delta\,[\text{AE}]} \cdot (\cos(\delta) \sin(\phi) - \sin(\delta) \cos(\phi) \cos(\theta - \alpha))$$

1.3.5 Äquatorial – horizontal

Kennt man die Sternzeit und die geographische Breite am Ort des Beobachters zu einem bestimmten Zeitpunkt, dann kann man die horizontalen Koordinaten eines Punktes in äquatoriale verwandeln. Zu beachten ist, dass aufgrund der Refraktion die beobachtete Höhe über dem Horizont nicht mit der tatsächlichen Höhe über dem Horizont übereinstimmt.

Horizontal in äquatorial

$$\cos(\delta)\cos(t) = \cos(\varphi)\sin(h) + \sin(\varphi)\cos(h)\cos(A)$$
$$\cos(\delta)\sin(t) = \cos(h)\sin(A)$$
$$\sin(\delta) = \sin(\varphi)\sin(h) - \cos(\varphi)\cos(h)\cos(A)$$

Äquatorial in horizontal

$$\cos(h)\cos(A) = \sin(\varphi)\cos(\delta)\cos(t) - \cos(\varphi)\sin(\delta)$$
$$\cos(h)\sin(A) = \cos(\delta)\sin(t)$$
$$\sin(h) = \sin(\varphi)\sin(\delta) + \cos(\varphi)\cos(\delta)\cos(t)$$

t	Stundenwinkel ($t = \theta - \alpha$)
θ	Sternzeit des Beobachters (im Winkelmaß)
φ	geographische Breite des Beobachtungsortes
α, δ	topozentrische (evtl. geozentrische) äquatoriale Koordinaten bezogen auf das Äquinoktium des Berechnungszeitpunktes
A, h	Horizontale Koordinaten

1.3.6 Refraktion

Beim Eintritt in die optisch dichtere Erdatmosphäre wird das Licht eines Himmelskörpers zur Lotrichtung hin abgelenkt. Diese als *Refraktion* bezeichnete Lichtbrechung führt dazu, dass die vom Boden aus beobachtete Höhe über dem Horizont immer größer als die geometrische Höhe des Objektes ist.

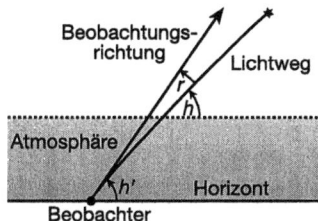

Abb. 1.14: Lichtablenkung in der Atmosphäre (Refraktion)

Aufgrund des längeren Lichtwegs ist die Refraktion in Horizontnähe am größten. Sie beträgt hier rund ein halbes Grad und verändert so auch maßgeblich den Zeitpunkt des Auf- und Untergangs. Der genaue Wert der Refraktion hängt vom jeweiligen Brechungsindex der Atmosphäre und damit von Temperatur und Luftdruck ab.

Tabelle 1.1: Normalrefraktion als Funktion der scheinbaren Höhe

h'	r	h'	r	h'	r
0°	36′36″	5°	10′15″	50°	0′50″
1°	25′37″	10°	5′30″	70°	0′22″
2°	19′07″	20°	2′44″	90°	0′00″
3°	14′59″	30°	1′44″		

$$r = \frac{p}{273 + T}\left[3.430289(z' - \arcsin[0.9986047\sin(0.9967614z')]) - 0.01115929z'\right]$$

h, h' Geometrische und scheinbare Höhe über dem Horizont
z' Scheinbare Zenitdistanz in Grad ($z' = 90° - h'$)
T Temperatur am Boden in [°C]
p Luftdruck in [hPa (= mbar)]
r Refraktion ($r = h' - h$) in Bogenminuten

Für Höhen über 5° kann auch die einfache Näherung $r = 1'/\tan(h')$ verwendet werden.

1.3.7 Auf- und Untergangszeiten

Der Stundenwinkel, bei dem ein Himmelskörper gegebener Deklination eine bestimmte Höhe h über dem Horizont erreicht, lässt sich durch Auflösung der obigen Gleichung für $\sin(h)$ nach $\cos(t)$ ermitteln. Bei der Berrechnung von Auf- und Untergangszeiten ist allerdings zu beachten, dass das Sichtbarwerden eines Gestirns von seinem Durchmesser, der Refraktion und der Parallaxe am Horizont abhängt. Man verwendet üblicherweise folgende Werte:

$h = -0°50'$ Sonnenauf- oder -untergang
$h = +0°08'$ Mondauf- oder -untergang
$h = -0°34'$ bei Sternen oder Planeten
$h = -18°$ *astronomische* Dämmerung
$h = -12°$ *nautische* Dämmerung
$h = -6°$ *bürgerliche* Dämmerung

Die Uhrzeit, zu der ein Himmelskörper eine bestimmte Höhe über dem Horizont erreicht, lässt sich nur näherungsweise berechnen, wenn sich seine Rektaszension und seine Deklination im Laufe der Zeit verändern. Hierzu eignet sich das folgende Schema:

Bezeichnungen

λ, φ geographische Länge und Breite des Beobachtungsortes
h gesuchte Höhe über dem Horizont
T_i i-te Näherung für die lokale Uhrzeit (z.B. Mitteleuropäische Zeit), zu der der Himmelskörper die Höhe h über dem Horizont erreicht
θ_i zugehörige Ortssternzeit (mittlere genügt)
α_i, δ_i Rektaszension und Deklination zur Zeit T_i bezogen auf das Äquinoktium des Datums

Anfangsnäherungen

$T_0 = 6^h$ Sonnenaufgang, Morgendämmerung
$T_0 = 12^h$ Auf- und Untergang von Sternen und Planeten
$T_0 = 18^h$ Sonnenuntergang, Abenddämmerung

Verbesserungsschritt

- Berechnung der Sternzeit θ_i aus der Uhrzeit T_i, dem Datum und der geographischen Länge λ (siehe Abschn. 2.2.5). Ab dem zweiten Schritt genügt die Formel

$$\theta_i = \theta_{i-1} + 1.0027379 \cdot (T_i - T_{i-1}) \quad .$$

- Berechnung der Koordinaten α_i und δ_i zur Zeit T_i, soweit diese nicht ohnehin konstant sind (Fixsterne).
- Berechnung des Stundenwinkels τ_i, den der Himmelskörper zur Zeit T_i hat:

$$\tau_i = \theta_i - \alpha_i \ .$$

Durch Addition oder Subtraktion von 24^h sorgt man dafür, dass τ_i zwischen -12^h und $+12^h$ liegt.

- Berechnung des Stundenwinkels t_i, den der Himmelskörper bei einer Deklination δ_i hat, wenn er in der Höhe h über dem Horizont steht:

$$x = \frac{\sin(h) - \sin(\varphi)\sin(\delta_i)}{\cos(\varphi)\cos(\delta_i)}$$

$$t_i = \pm \left(\frac{1^h}{15°}\right) \arccos(x)$$

Das Vorzeichen von t_i ist positiv für Ereignisse in der westlichen Himmelshälfte (Untergänge, Abenddämmerung) und negativ für Ereignisse in der östlichen Himmelshälfte.

- Berechnung der zeitlichen Änderung des Stundenwinkels:

$n = 1.0027379$ Sterne
$n = 1.0$ Sonne
$n = 1.0027 - (d\alpha/dT)$ Mond, Planeten.

Beim Mond setzt man im ersten Schritt $d\alpha/dT = 0.0366$, bei den Planeten $d\alpha/dT = 0$. In allen weiteren Schritten wählt man

$$\frac{d\alpha}{dT} = \frac{\alpha_i - \alpha_{i-1}}{t_i - T_{i-1}} \ .$$

- Hiermit ergibt sich schließlich der verbesserte Wert

$$T_{i+1} = T_i + \frac{t_i - \tau_i}{n}$$

für die gesuchte Auf- bzw. Untergangszeit.

Ist T_i im Laufe der Iteration negativ oder größer als 24^h, so findet das gesuchte Ereignis am Vortag bzw. am nächsten Tag statt. Gegebenenfalls kann man einen um $24^h/n$ vergrößerten oder verkleinerten Wert von T_i zur Fortsetzung der Iteration verwenden.

Bei Sternen liefert bereits die erste Iteration die gesuchte Zeit T, da hier keine Bewegung in Deklination statfindet. Bei anderen Himmelskörpern genügen – von Ausnahmen (Mond!) abgesehen – meist zwei Iterationen.

Problemfälle

- Ist während der Iteration die Größe $|x_i|$ in einem der Rechenschritte größer als Eins, dann bedeutet dies, dass der Himmelskörper die gesuchte Höhe bei einer Deklination δ_i nicht erreichen kann. Beispiele hierzu sind Polartag und Polarnacht. Da sich die Deklination von Sonne, Mond und Planeten im Laufe eines Tages verändert, kann das gesuchte Ereignis aber möglicherweise dennoch stattfinden. Es empfiehlt sich dann, einen anderen Startwert T_0 zu verwenden.

- Die Zeit zwischen zwei Sternauf- oder -untergängen ist mit $23^\text{h}56^\text{m}$ etwas kürzer als 24^h, so dass das gleiche Ereignis an einem Kalendertag zweimal auftreten kann.

- Die Zeit zwischen zwei Mondauf- oder -untergängen beträgt im Mittel etwa 25^h. Aus diesem Grunde gibt es im Allgemeinen in jedem Monat einen Tag, an dem kein Mondaufgang stattfindet, und einen weiteren Tag, an dem der Mond nicht untergeht.

1.4 Präzession und Nutation

1.4.1 Präzession

1.4.1.1 Allgemeines

Bedingt duch die Störungen von Sonne, Mond und Planeten stehen weder der Himmelsäquator noch die Ekliptik fest im Raum. Die dabei auftretenden langfristigen, kontinuierlich anwachsenden (säkularen) Verschiebungen bezeichnet man als Präzession. Der folgende Abschnitt soll einen Überblick über die Änderungen in der Lage dieser Grundebenen geben. Als festes Bezugssystem wurden der Äquator und die Ekliptik der Epoche J2000 (1.5 Jan. 2000, 12^h) gewählt. Höhere Glieder in den folgenden Termen wurden vernachlässigt, da hier nur die grundlegenden Bewegungen diskutiert werden sollen. Der Übersichtlichkeit halber wird als Zeitmaßstab die Zahl

$$T = (\text{JD} - 2451545.0)/36525$$

der seit J2000 vergangenen julianischen Jahrhunderte gewählt.

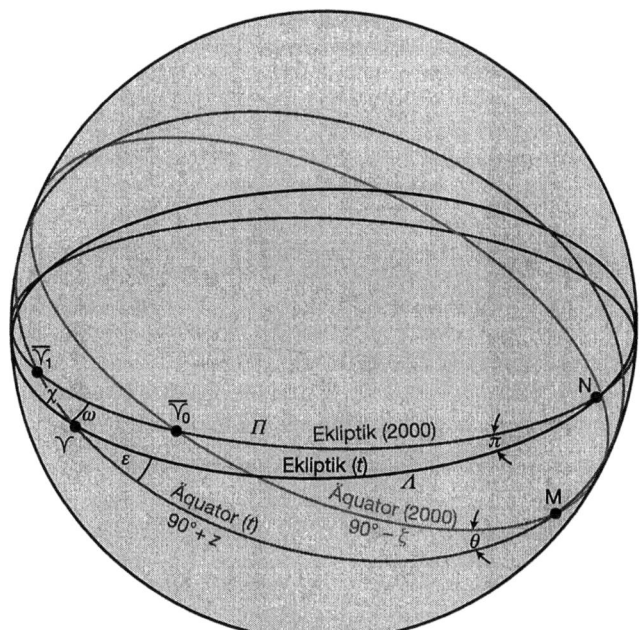

Abb. 1.15: Verlagerung von Äquator und Ekliptik durch die Präzession

Die Bewegung des Äquators

Die Erdachse weicht der aufrichtenden Kraft von Sonne und Mond auf den Äquatorwulst der Erde aus und dreht sich in 26000 Jahren einmal rückläufig um den mittleren Pol der Ekliptik. Der Erdäquator schließt dabei mit der Ekliptik von J2000 den nahezu festen Winkel

$$\omega = 23°26'21'' + 0.''05 \cdot T^2$$

ein. Allerdings ist der Schnittpunkt $\bar{\Upsilon}_1$ zwischen dem Äquator (t) und der Ekliptik(J2000) gegenüber dem Schnittpunkt $\bar{\Upsilon}_0$ von Äquator(J2000) und Ekliptik(J2000) um den Winkel

$$\psi = 5038.''8 \cdot T - 1.''1 \cdot T^2$$

zurückgewandert. Man bezeichnet ihn allgemein als *Lunisolarpräzession*.

Die Bewegung der Ekliptik

Ursache für die Verschiebung der Ekliptik sind nicht wie bei der des Äquators Sonne und Mond, sondern die Planeten. Sie bewirken durch ihren wechselnden Einfluss eine Schwingung der Ekliptik um die mittlere Lage mit einer Periode von 41000 Jahren und einer Auslenkung von etwa $0.°85$. Über einige Jahrhunderte hinweg lässt sich die Neigung der Ekliptik(t) gegenüber der Ekliptik von J2000 jedoch durch die vereinfachte Beziehung

$$\pi = 47.''00 \cdot T - 0.''03 \cdot T^2$$

darstellen. Die Schnittgerade Ekliptik(J2000)–Ekliptik(t) schließt mit dem Frühlingspunkt $\bar{\Upsilon}_0$ von J2000 dabei den veränderlichen Winkel

$$\Pi = 174°52'35'' - 869.''8 \cdot T$$

ein. Für $T > 0$ bezeichnet Π den Punkt, in dem die Erde im jeweiligen Jahr die Ekliptik von J2000 im aufsteigenden Sinn durchquert, für $T < 0$ entsprechend den Punkt des absteigenden Durchgangs.

Weitere Größen

Obwohl die Lage der verschiedenen Ebenen durch die obigen vier Winkel bereits eindeutig festgelegt ist, gibt es eine Reihe weiterer Größen für den praktischen Gebrauch in den nachfolgenden Transformationsformeln. Besonders wichtig ist hierbei der Winkel

$$\varepsilon = 23°26'21'' - 46.''82 \cdot T$$

zwischen Ekliptik(t) und Äquator(t). Weiterhin kann man den Betrag der (rechtläufigen) Verschiebung des Schnittpunktes ♈ von Ekliptik(t) und Äquator(t) gegenüber dem Schnittpunkt $\bar{♈}_1$ von Ekliptik(J2000) und Äquator(t) angeben. Da diese Verschiebung durch die Bewegung der Ekliptik bewirkt wird, deren Ursache wiederum die Planeten sind, bezeichnet man den Winkel

$$\chi = 10\rlap{.}''55 \cdot T - 2\rlap{.}''38 \cdot T^2$$

auch als *planetare Präzession*. daraus ergibt sich schließlich der Begriff der *allgemeinen Präzession in Länge*, unter dem man die Differenz

$$p = \Lambda - \Pi = 5029\rlap{.}''10 \cdot T + 1\rlap{.}''11 \cdot T^2$$

der Winkel $\angle N\bar{♈}_0$ und $\angle N♈$ versteht.

In Abb. 1.15 sind darüberhinaus noch einige weiter Größen gekennzeichnet, die in den folgenden Transformationsformeln Verwendung finden. θ bezeichnet dabei den Winkel zwischen dem Äquator von J2000 und dem Äquator(t), $90° - \zeta$ den Winkel $\angle M\bar{♈}_0$ und $90° + z$ den Winkel $\angle M♈$.

1.4.1.2 Transformation äquatorialer Koordinaten

Hilfsgrößen

$$T_0 = (JD_0 - 2451545.0)/36525$$
$$T = (JD - JD_0)/36525$$
$$\zeta = (2306''\!.218 + 1''\!.397 \cdot T_0) \cdot T + 0''\!.302 \cdot T^2 + 0''\!.018 \cdot T^3$$
$$z = \zeta + 0''\!.793 \cdot T^2$$
$$\theta = (2004''\!.311 - 0''\!.853 \cdot T_0) \cdot T - 0''\!.427 \cdot T^2 - 0''\!.042 \cdot T^3$$

Strenge Transformationsformeln

$$\cos(\delta)\cos(\alpha - z) = \cos(\theta)\cos(\delta_0)\cos(\alpha_0 + \zeta) - \sin(\theta)\sin(\delta_0)$$
$$\cos(\delta)\sin(\alpha - z) = \cos(\delta_0)\sin(\alpha_0 + \zeta)$$
$$\sin(\delta) = \sin(\theta)\cos(\delta_0)\cos(\alpha_0 + \zeta) + \cos(\theta)\sin(\delta_0)$$

Näherungsformeln

$$\alpha - \alpha_0 = (\zeta + z) + \theta \cdot \tan(\delta_0) \cdot \sin(\alpha_0)$$
$$\delta - \delta_0 = \theta \cdot \cos(\alpha_0)$$

JD_0, JD	Julianisches Datum des alten bzw. neuen Äquinoktiums
T_0	Jahrhunderte seit 1. Jan. 2000, 12^h
T	Differenz der Äquinoktien in Jahrhunderten
α_0, δ_0	äquatoriale Koordinaten bezogen auf das alte Äquinoktium
α, δ	äquatoriale Koordinaten bezogen auf das neue Äquinoktium

Die Näherungen gelten bevorzugt für kleine Deklinationen und kleine Zwischenzeiten T. Für die häufig benötigte Transformation vom Äquinoktium B1950 nach J2000 und zurück kann man auf die Werte

B1950 → J2000	J2000 → B1950
$\zeta = +0°\!.320234$	$\zeta = -0°\!.320289$
$z = +0°\!.320289$	$z = -0°\!.320234$
$\theta = +0°\!.278406$	$\theta = -0°\!.278406$

zurückgreifen.

1.4.1.3 Transformation ekliptikaler Koordinaten

Hilfsgrößen

$T_0 = (JD_0 - 2451545.0)/36525$
$T = (JD - JD_0)/36525$
$\Pi = (174°876384 + 3289''\!.48 \cdot T_0 + 0''\!.61 \cdot T_0^2) +$
$\quad\quad + (-869''\!.81 - 0''\!.50 \cdot T_0) \cdot T + 0''\!.04 \cdot T^2$
$\pi = (47''\!.003 - 0''\!.066 \cdot T_0) \cdot T - 0''\!.033 \cdot T^2$
$p = (5029''\!.097 + 2''\!.222 \cdot T_0) \cdot T + 1''\!.111 \cdot T^2$
$\Lambda = \Pi + p$

Strenge Transformationsformeln

$\cos(\beta)\cos(\Lambda-\lambda) = \cos(\beta_0)\cos(\Pi-\lambda_0)$
$\cos(\beta)\sin(\Lambda-\lambda) = \cos(\pi)\cos(\beta_0)\cos(\Pi-\lambda_0) - \sin(\pi)\sin(\beta_0)$
$\sin(\beta) \quad\quad\quad\quad = \sin(\pi)\cos(\beta_0)\cos(\Pi-\lambda_0) - \cos(\pi)\sin(\beta_0)$

Näherungsformeln

$\lambda - \lambda_0 = p + \pi \cdot \tan(\beta_0) \cdot \cos(\lambda_0 - \Pi)$
$\beta - \beta_0 = -\pi \cdot \sin(\lambda_0 - \Pi)$

JD_0, JD Julianisches Datum des alten bzw. neuen Äquinoktiums
T_0 Jahrhunderte seit 1. Jan. 2000, 12^h
T Differenz der Äquinoktien in Jahrhunderten
λ_0, β_0 ekliptikale Koordinaten bezogen auf das alte Äquinoktium
λ, β ekliptikale Koordinaten bezogen auf das neue Äquinoktium

Die Näherungen gelten bevorzugt für kleine ekliptikale Breiten und kleine Zwischenzeiten T. Für die spezielle Transformation vom Äquinoktium B1950 nach J2000 und zurück kann man auf die Werte

B1950 → J2000   J2000 → B1950

$\Pi = +174°298782$ $\Pi = +174°997194$
$\pi = +0°006531$ $\pi = -0°006531$
$p = +0°698411$ $p = -0°698411$

zurückgreifen.

1.4.1.4 Transformation von Bahnelementen

Hilfsgrößen

T_0, T, Π, π und p bezeichnen die bereits auf S. 25 definierten Größen.

Strenge Transformationsformeln

Der Pol der Bahnebene hat im alten System die ekliptikalen Koordinaten $\lambda_0 = \Omega_0 - 90°$ und $\beta_0 = 90° - i_0$. Im neuen System lauten diese Koordinaten $\lambda = \Omega - 90°$ und $\beta = 90° - i$. Die Bahnneigung und die Knotenlänge der Bahn können somit aus der Transformation des Pols der Bahnebene gemäß Abschn. 1.4.1.3 bestimmt werden. Die Differenz zwischen altem und neuem Argument des Perihels ergibt sich aus den Gleichungen

$$\sin(i)\cos(\omega-\omega_0) = +\cos(\pi)\sin(i_0) - \sin(\pi)\cos(i_0)\cos(\Omega-\Pi)$$
$$\sin(i)\sin(\omega-\omega_0) = -\sin(\pi)\sin(\Omega-\Pi)$$

Näherungsformeln

Für nicht zu große Bahnneigungen eignen sich auch die vereinfachten Formeln

$$i = i_0 \quad - \pi \cdot \cos(\Pi - \Omega_0)$$
$$\Omega = \Omega_0 + p - \pi \cdot \frac{\sin(\Pi - \Omega_0)}{\tan(i_0)}$$
$$\omega = \omega_0 \quad + \pi \cdot \frac{\sin(\Pi - \Omega_0)}{\sin(i_0)}$$

i Neigung der Bahnebene gegen die Ekliptik
Ω Länge des aufsteigenden Knotens
ω Argument des Perihels (Winkel zwischen dem aufsteigenden Knoten und dem Perihel)

Größen mit Index $_0$ beziehen sich auf die Ekliptik und den Frühlingspunkt des Ausgangsdatums, nicht indizierte Größen entsprechend auf das gewünschte Zieläquinoktium.

1.4.1.5 Transformationsmatrizen

Zur Berücksichtigung der Präzession in kartesischen Koordinaten bietet sich besonders die Matrixschreibweise an. Die Transformationsformeln haben dann die Gestalt:

$$\begin{pmatrix} x' \\ y' \\ z' \end{pmatrix} = A \cdot \begin{pmatrix} x \\ y \\ z \end{pmatrix} = \begin{pmatrix} a_{11}x + a_{12}y + a_{13}z \\ a_{21}x + a_{22}y + a_{23}z \\ a_{31}x + a_{32}y + a_{33}z \end{pmatrix} \quad \text{mit} \quad A = \begin{pmatrix} a_{11} \, a_{12} \, a_{13} \\ a_{21} \, a_{22} \, a_{23} \\ a_{31} \, a_{32} \, a_{33} \end{pmatrix}$$

Dabei beziehen sich die ungestrichenen Koordinaten (x, y, z) auf das Ausgangsäquinoktium und die gestrichenen Koordinaten (x', y', z') auf das gesuchte Äquinoktium. Die Formeln gelten sowohl für äquatoriale wie für ekliptikale Koordinaten, wenn man für A die entsprechende Matrix einsetzt.

Hilfsgrößen

T_0, T, ζ, z und θ sowie Π, π und p bezeichnen die bereits auf S. 24 und S. 25 definierten Größen.

Transformationsmatrix für äquatoriale Koordinaten

$$A = \begin{pmatrix} -\sin z & -\cos z & 0 \\ +\cos z & -\sin z & 0 \\ 0 & 0 & 1 \end{pmatrix} \cdot \begin{pmatrix} 1 & 0 & 0 \\ 0 & +\cos\theta & +\sin\theta \\ 0 & -\sin\theta & +\cos\theta \end{pmatrix} \cdot \begin{pmatrix} +\sin\zeta & +\cos\zeta & 0 \\ -\cos\zeta & +\sin\zeta & 0 \\ 0 & 0 & 1 \end{pmatrix}$$

$$= \begin{pmatrix} -\sin z \sin\zeta + \cos z \cos\theta \cos\zeta & -\sin z \cos\zeta - \cos z \cos\theta \sin\zeta & -\cos z \sin\theta \\ +\cos z \sin\zeta + \sin z \cos\theta \cos\zeta & +\cos z \cos\zeta - \sin z \cos\theta \sin\zeta & -\sin z \sin\theta \\ +\sin\theta \cos\zeta & -\sin\theta \sin\zeta & +\cos\theta \end{pmatrix}$$

Transformationsmatrix für ekliptikale Koordinaten

$$A = \begin{pmatrix} +\cos\Lambda & -\sin\Lambda & 0 \\ +\sin\Lambda & +\cos\Lambda & 0 \\ 0 & 0 & 1 \end{pmatrix} \cdot \begin{pmatrix} 1 & 0 & 0 \\ 0 & +\cos\pi & +\sin\pi \\ 0 & -\sin\pi & +\cos\pi \end{pmatrix} \cdot \begin{pmatrix} +\cos\Pi & +\sin\Pi & 0 \\ -\sin\Pi & +\cos\Pi & 0 \\ 0 & 0 & 1 \end{pmatrix}$$

$$= \begin{pmatrix} \cos\Lambda \cos\Pi + \sin\Lambda \cos\pi \sin\Pi & \cos\Lambda \sin\Pi - \sin\Lambda \cos\pi \cos\Pi & -\sin\Lambda \sin\pi \\ \sin\Lambda \cos\Pi - \cos\Lambda \cos\pi \sin\Pi & \sin\Lambda \sin\Pi + \cos\Lambda \cos\pi \cos\Pi & +\cos\Lambda \sin\pi \\ \sin\pi \sin\Pi & -\sin\pi \cos\Pi & +\cos\pi \end{pmatrix}$$

Die Matrix A' für die Rücktransformation ($T \rightarrow T_0$) erhält man aus A durch Spiegelung an der Diagonalen ($a'_{ik} = a_{ki}$).

1.4.2 Nutation

1.4.2.1 Allgemeines

Die in Abschnitt 1.4.1 beschriebene Präzession definiert die Lage der Ekliptik vollständig, nicht jedoch die des Äquators. Man spricht deshalb vom mittleren Äquator und Frühlingspunkt. Den wahren Äquator und Frühlingspunkt erhält man durch Anbringung der Nutationskorrektur. Im Gegensatz zur Präzession treten hier nur kurzperiodische Terme kleiner Amplitude auf. Zur Beschreibung der Nutation dienen zwei Größen:

$\Delta\lambda$ bezeichnet die Länge des mittleren Frühlingspunktes bezogen auf den wahren Frühlingspunkt,

$\Delta\varepsilon$ bezeichnet die Differenz $\varepsilon' - \varepsilon$ zwischen wahrer und mittlerer Ekliptikschiefe.

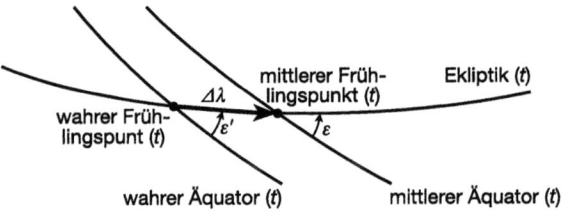

Abb. 1.16: Verlagerung von Äquator und Frühlingspunkt durch die Nutation (vgl. hierzu Abb. 1.15)

Beide Werte hängen eng mit der Stellung von Sonne und Mond zusammen. Zu ihrer Berechnung benötigt man daher die nachfolgenden Hilfsgrößen, die in der jeweils erforderlichen Genauigkeit angegeben sind:

$T = (JD - 2451545.0)/36525$ Jahrhunderte seit J2000

$l' = 357°\!.525 + 35999°\!.049 \cdot T$ mittlere Anomalie der Sonne

$F = 93°\!.273 + 483202°\!.019 \cdot T$ mittl. Knotenabstand des Mondes

$D = 297°\!.850 + 445267°\!.111 \cdot T$ mittlerer Abstand Mond-Sonne

$\Omega = 125°\!.045 - 1934°\!.136 \cdot T$ mittlere Knotenlänge des Mondes

Alle Längen beziehen sich auf den Frühlingspunkt des Datums.

Mit diesen mittleren Elementen kann man die Nutationswinkel aus einer Reihenentwicklung berechnen, deren wichtigste Terme hier angegeben sind. Bei geringeren Anforderungen an die Genauigkeit kann man die Reihe entsprechend früher abbrechen.

$$\Delta\psi = -17\rlap{.}''200 \cdot \sin(\Omega) \qquad\qquad\qquad +0\rlap{.}''206 \cdot \sin(2\Omega)$$
$$ -1\rlap{.}''319 \cdot \sin(2(F-D+\Omega)) + 0\rlap{.}''143 \cdot \sin(l')$$
$$ -0\rlap{.}''227 \cdot \sin(2(F+\Omega))$$

$$\Delta\varepsilon = +9\rlap{.}''203 \cdot \cos(\Omega) \qquad\qquad\qquad -0\rlap{.}''090 \cdot \cos(2\Omega)$$
$$ +0\rlap{.}''574 \cdot \cos(2(F-D+\Omega)) + 0\rlap{.}''098 \cdot \cos(2(F+\Omega))$$

$\Delta\psi$ Länge des mittleren Frühlingspunktes bezogen auf den wahren Frühlingspunkt
$\Delta\varepsilon$ Differenz zwischen wahrer und mittlerer Ekliptikschiefe

1.4.2.2 Transformation ekliptikaler und äquatorialer Koordinaten

Ekliptikale Koordinaten
$$\lambda' = \lambda + \Delta\psi$$
$$\beta' = \beta$$

Äquatoriale Koordinaten
$$\alpha' = \alpha + \Delta\psi \cdot (\cos\varepsilon + \sin\varepsilon \sin\alpha \tan\delta) - \Delta\varepsilon \cdot \cos\alpha \tan\delta$$
$$\delta' = \delta + \Delta\psi \cdot \sin\varepsilon \cos\alpha \qquad\qquad + \Delta\varepsilon \cdot \sin\alpha$$

ε mittlere Ekliptikschiefe zum Berechnungszeitpunkt
($\varepsilon = 23\rlap{.}°439291 - 0\rlap{.}°013004 \cdot T$)
λ, β mittlere ekliptikale Koordinaten
λ', β' wahre ekliptikale Koordinaten
α, δ mittlere äquatoriale Koordinaten
α', δ' wahre äquatoriale Koordinaten

Die Formeln für äquatoriale Koordinaten sind Näherungen, die aber abgesehen von polnahen Gebieten ausreichen. Die ekliptikalen Transformationsformeln gelten in Strenge.

1.5 Aberration und Lichtlaufzeit

Aufgrund der endlichen Lichtgeschwindigkeit stimmen die bisher betrachteten *geometrischen* Koordinaten eines Planeten nicht mit den tatsächlich beobachteten und am Fernrohr gemessenen Koordinaten überein.

Aberration: Bisher wurde der Beobachter als im Bezugssystem der Sonne ruhend angenommen. Er nimmt jedoch an der täglichen Drehung der Erde und ihrem Umlauf um die Sonne teil. Somit ist der Beobachter in jedem Moment relativ zur Sonne in Bewegung. Das hat zur Folge, dass er eine andere Einfallsrichtung des Lichts feststellt. Man kann dies mit einem Fußgänger bei Regen vergleichen, der seinen Schirm im Laufen etwas nach vorne neigt, während er ihn im Stehen senkrecht nach oben hält.

Lichtlaufzeit: Während sich das vom Planeten reflektierte Licht zur Erde ausbreitet, bewegt sich der Planet bereits weiter. Der Planet wird also nicht dort beobachtet, wo er sich zum Beobachtungszeitpunkt befindet, sondern dort, wo er sich zum Zeitpunkt der Lichtaussendung befand.

Will man die beobachtete Position eines Planeten zum Zeitpunkt t berechnen, dann sind folgende Schritte nötig:
1. Berechnung der heliozentrischen Position der Erde zum Beobachtungszeitpunkt t.
2. Berechnung der heliozentrischen Position des Planeten zum Zeitpunkt $t - \tau$ der Lichtaussendung. Hierzu muss durch schrittweise Verbesserung der Wert der Lichtlaufzeit τ bestimmt werden. Für ihn gilt, dass die Entfernung des Planetenortes zur Zeit $t - \tau$ vom Erdort zur Zeit t gleich der Strecke ist, die das Licht in der Zeit τ zurücklegt. In erster (und meist ausreichender) Näherung ist die Lichtlaufzeit τ gleich dem Verhältnis aus der geometrischen Entfernung $\Delta(t)$ des Planeten von der Erde und der Lichtgeschwindigkeit $c = 173.14 \text{ AE/d}$.
3. Die geozentrischen Koordinaten des Planetenortes zur Zeit $t - \tau$ (bezogen auf den Erdort zur Zeit t) geben die Richtung an, aus der das Licht des Planeten auf die Erde trifft. Diese Koordinaten sind nun wegen jährlicher und täglicher Aberration zu korrigieren.

Durch Berücksichtigung der Lichtlaufzeit im zweiten Schritt erhält man die so genannten *astrometrischen* Koordinaten des Planeten. Bei passender Wahl des Äquinoktiums (z.B. J2000) können diese direkt in eine Sternkarte eingezeichnet oder mit katalogisierten Sternpositionen verglichen werden. Die zusätzliche Berücksichtigung der jährlichen und täglichen Aberration liefert (bei Wahl des wahren Äquinoktium des Datums) dagegen die *scheinbaren* Koordinaten des Planeten. Scheinbare Koordinaten dienen beispielsweise zum Einstellen eines Objektes an Teilkreisen und werden bei Messungen am Meridiankreis gewonnen. Soweit in Jahrbüchern die scheinbaren Koordinaten angegeben sind, wird dort die (mit $0.''3$ betragsmäßig deutlich kleinere) tägliche Aberration allerdings gewöhnlich nicht berücksichtigt, da sie vom Beobachtungsort und Beobachtungszeitpunkt abhängt.

Da die strenge Berechnung der scheinbaren Koordinaten recht aufwendig ist, bedient man sich meistens einer völlig ausreichenden Näherung. Vernachlässigt man die Krümmung der Planetenbahn während der Lichtlaufzeit, dann gilt:

Die scheinbare Position des Planeten zur Zeit t ist gleich der geometrischen Position zur Zeit t minus $(0.00578 \cdot \Delta [\text{AE}])$ mal die tägliche Änderung der geometrischen Position.

Hierbei bezeichnet Δ die geometrische Entfernung, während der Wert 0.00578 die Anzahl der Tage angibt, die das Licht zum Durchlaufen einer Strecke von einer Astronomischen Einheit benötigt.

Der Vollständigkeit halber sind auf der folgenden Seite die Formeln zusammengestellt, nach denen sich die jährliche und tägliche Aberration separat berechnen lassen. Wie man sieht, lässt sich die jährliche Aberration in zwei Terme zerlegen. Die Korrekturen A und D entsprechen dem kreisförmigen Anteil der jährlichen Bewegung der Erde um die Sonne. Sie sind sowohl von den Koordinaten des Objekts als auch von denen der Sonne abhängig. Die Berücksichtigung der Exzentrizität der Erdbahn führt dann auf die so genannten E-Terme der Aberration (A_e und D_e), die nicht mehr vom Sonnenort abhängig sind.

Die angegebenen Aberrationsformeln werden auch dazu benötigt, scheinbare Sternörter zu ermitteln. Die in Katalogen verzeichneten Positionen beziehen sich üblicherweise auf ein Standardäquinoktium (z.B. J2000) und müssen zunächst durch Anbringung der Präzession und Nutation auf den Äquator und Frühlingspunkt des Berechnungszeitpunkts transformiert werden. Die so erhaltene Lichteinfallsrichtung wird anschließend für jährliche und tägliche Aberration korrigiert, um die scheinbaren Koordinaten zu erhalten, die man an einem mit der Erde mitbewegten Teleskop beobachtet. Zu beachten ist lediglich, dass die E-Terme der Aberration, die wie erwähnt zeitunabhängig sind, in einigen älteren Kataloge bereits enthalten sind und dann nicht gesondert berücksichtigt werden müssen.

Jährliche Aberration

$\Delta\alpha_j = (A + A_e)/\cos(\delta)$
$\Delta\delta_j = (D + D_e)$

mit

$A = -20\rlap{.}{''}49\cdot[\sin(L_\odot)\sin(\alpha) + \cos(L_\odot)\cos(\alpha)\cos(\varepsilon)]$
$A_e = +0\rlap{.}{''}343\cdot[\sin(\varpi)\sin(\alpha) + \cos(\varpi)\cos(\alpha)\cos(\varepsilon)]$
$D = -20\rlap{.}{''}49\cdot[\sin(\delta)\cos(\alpha)\sin(L_\odot)$
$\qquad + (\sin(\varepsilon)\cos(\delta) - \cos(\varepsilon)\sin(\delta)\sin(\alpha))\cos(L_\odot)]$
$D_e = +0\rlap{.}{''}343\cdot[\sin(\delta)\cos(\alpha)\sin(\varpi)$
$\qquad + (\sin(\varepsilon)\cos(\delta) - \cos(\varepsilon)\sin(\delta)\sin(\alpha))\cos(\varpi)]$

Tägliche Aberration

$\Delta\alpha_t = +0\rlap{.}{''}32\cdot\cos(\varphi)\cos(\theta-\alpha)/\cos(\delta)$
$\Delta\delta_t = +0\rlap{.}{''}32\cdot\sin(\delta)\cos(\varphi)\sin(\theta-\alpha)$

$\Delta\alpha_j, \Delta\delta_j$	jährliche Aberration; Korrektur der äquatorialen Koordinaten für einen mit dem Erdmittelpunkt mitbewegten Beobachter
$\Delta\alpha_t, \Delta\delta_t$	tägliche Aberration; Korrektur der äquatorialen Koordinaten für einen Beobachter, der an der täglichen Erddrehung teilnimmt
α, δ	Rektaszension und Deklination
$L_\odot$	Ekliptikale Länge der Sonne
ϖ	Perihellänge der scheinbaren Sonnenbahn ($\varpi \approx 283°$)
ε	Ekliptikschiefe ($\varepsilon \approx 23\rlap{.}°44$)
φ	geographische Breite des Beobachters
θ	Sternzeit am Beobachtungsort zum Zeitpunkt der Beobachtung

Rechenbeispiele zu Kapitel 1

Die Nummern der einzelnen Beispiele beziehen sich auf die entsprechenden Abschnitte des Kapitels.

Zu 1.1: Transformation sphärischer und kartesischer Koordinaten

(a) Gegeben seien $\lambda = 120°$, $\beta = 60°$ und $r = 5\,\text{AE}$. Man bestimme die kartesischen Koordinaten x, y und z.

$\cos(\lambda) = -0.500000 \qquad \cos(\beta) = +0.500000$
$\sin(\lambda) = +0.866025 \qquad \sin(\beta) = +0.866025$

$x = -1.250000\,\text{AE}$
$y = +2.165064\,\text{AE}$
$z = +4.330127\,\text{AE}$

(b) Gegeben seien die kartesischen Koordinaten $x = -1.0\,\text{AE}$, $y = -2.5\,\text{AE}$ und $z = +0.5\,\text{AE}$. Man bestimme die zugehörigen sphärischen Koordinaten.

$x^2 = +1.000000\,\text{AE}^2$
$y^2 = +6.250000\,\text{AE}^2 \qquad \text{folgt:} \quad r = 2.738613\,\text{AE}$
$z^2 = +0.250000\,\text{AE}^2 \qquad \qquad\qquad \rho = 2.692582\,\text{AE}$

$z/\rho = +0.185695$
$\beta \;\;= +10°\!.5197 = 10°31'11''$
$\varphi \;\;= -68°\!.1986$

Wegen $x < 0$ folgt: $\lambda = 248°\!.1986 = 248°11'55''$.

Zu 1.3.1: Reduktion auf die Ekliptik

(a) Eine Bahnebene sei um $i = 20°$ gegen die Ekliptik geneigt, die Knotenlänge sei $\Omega = 30°$. Man bestimme die ekliptikale Länge und Breite des umlaufenden Körpers, wenn das Argument der Breite $u = 210°$ beträgt.

$\cos(b)\cos(l - \Omega) = -0.866025$
$\cos(b)\sin(l - \Omega) = -0.469846$
$\sin(b) \qquad\qquad\;\; = -0.171010$

$b = -9°\!.8466 \qquad l - \Omega = 208°\!.4812$
$l = 238°\!.4812$

(b) wie lauten die kartesischen Koordinaten des Körpers, wenn die Sonnenentfernung 5 AE beträgt (übrige Daten wie im obigen Beispiel)?

$x = r \cdot (-0.750000 + 0.234923) = -2.5754$ AE
$y = r \cdot (-0.433013 - 0.406899) = -4.1996$ AE
$z = r \cdot (-0.171010) = -0.8551$ AE

(c) Die Koordinaten eines Planeten in seiner Bahn seien $r \cdot \cos(v) = -4.330127$ AE und $r \cdot \sin(v) = +2.50000$ AE (entsprechend $r = 5$ AE und $v = 150°$). Das Argument des Perihels sei $\omega = 60°$, die Bahnneigung $i = 20°$ und die Länge des aufsteigenden Knotens $\Omega = 30°$. Man berechne die kartesischen ekliptikalen Koordinaten unter Verwendung der Gaußschen Vektoren.

$P_x = +0.026114$	$Q_x = -0.984923$	$x = -2.5754$ AE
$P_y = +0.954769$	$Q_y = -0.026114$	$y = -4.1996$ AE
$P_z = +0.296198$	$Q_z = +0.171010$	$z = -0.8551$ AE .

Zu 1.3.2: Heliozentrische und geozentrische Koordinaten

Die ekliptikalen heliozentrischen Koordinaten der Erde seien $L = 150°$, $B = 0°$ und $R = 1$ AE, die des Jupiter $l = 100°$, $b = 1°\!.3$ und $r = 5$ AE. Man bestimme die geozentrischen ekliptikalen Jupiterkoordinaten.

-0.868017 AE $= -0.866025$ AE $+ \Delta \cdot \cos(\beta) \cos(\lambda)$
$+4.922771$ AE $= +0.500000$ AE $+ \Delta \cdot \cos(\beta) \sin(\lambda)$
$+0.113437$ AE $= +0.000000$ AE $+ \Delta \cdot \sin(\beta)$

$\lambda = 90°\!.0258 \qquad \beta = +1°\!.4692 \qquad \Delta = 4.424226$ AE .

Zu 1.3.3: Ekliptikale und äquatoriale Koordinaten

(a) Man bestimme Rektaszension und Deklination eines Sterns mit ekliptikalen Koordinaten $\lambda = 290°$ und $\beta = 50°$ am 1. Januar 1982 (JD 2444970.5).

$T = -6574.5/36525 = -0.18000$
$\varepsilon = +23°\!.441633$

$\cos(\delta) \cos(\alpha) = +0.219846$
$\cos(\delta) \sin(\alpha) = -0.858914$
$\sin(\delta) = +0.462530$

$\alpha = 284°\!.3571 = 18^\mathrm{h} 57^\mathrm{m} 26^\mathrm{s}$
$\delta = +27°\!.5505 = 27°33'02''$

(b) Man bestimme die ekliptikalen Koordinaten eines Sterns mit Rektaszension $\alpha = 7^{\mathrm{h}}$ und Deklination $\delta = 10°$ am 1. Jan. 1982 (JD 2444970.5)

$T = -6574.5/36525 = -0.18000$
$\varepsilon = +23°\!.441633$

$\cos(\beta)\cos(\lambda) = -0.254887 \quad \lambda = 105°\!.1433 = 105°08'36''$
$\cos(\beta)\sin(\lambda) = +0.941820 \quad \beta = -12°\!.6565 = -12°39'23''$
$\sin(\beta) = +0.219105$.

Zu 1.3.4: Geozentrische und topozentrische Koordinaten

(a) Die beobachteten (topozentrischen) Koordinaten eines Kleinplaneten seien $\alpha' = 10^{\mathrm{h}}$, $\delta' = 30°$ und $r = 4$ AE. Die geographische Breite des Beobachters sei $\varphi = 48°$, die Sternzeit im Moment der Beobachtung sei $\theta = 12^{\mathrm{h}}$. Man bestimme die geozentrischen Koordinaten. Aufgrund der im Vergleich zum Erdradius sehr großen Entfernung verwendet man am besten die Näherungsformel:

$\alpha - \alpha' = 8''\!.79 \cdot 1/4 \cdot 0.3863 = +0''\!.85$
$\delta - \delta' = 8''\!.79 \cdot 1/4 \cdot 0.3538 = +0''\!.78$

(b) Die geozentrischen Koordinaten des Mondes seien $\alpha = 6^{\mathrm{h}}$, $\delta = +20°$ und $r = 60$ Erdradien ($R_\oplus$). Welche Position stellt ein Beobachter auf $\varphi = 48°$ geographischer Breite vier Stunden vor der Kulmination ($\theta = 2^{\mathrm{h}}$) fest? Die strenge Rechnung liefert:

$+0.000000\,R_\oplus = r' \cdot \cos\delta'\cos\alpha' + 0.579484\,R_\oplus$
$+56.381557\,R_\oplus = r' \cdot \cos\delta'\sin\alpha' + 0.334565\,R_\oplus$
$+20.521209\,R_\oplus = r' \cdot \sin\delta' + 0.743145\,R_\oplus$

$\alpha' = 90°\!.5924 \quad \delta' = 19°\!.4361 \quad r' = 59.4371\,R_\oplus$.

Zu 1.3.5: Koordinaten im Horizontsystem

Man berechne Höhe und Azimut eines Sterns der Rektaszension $\alpha = 16^{\mathrm{h}}$ und der Deklination $\delta = +20°$ zur Sternzeit $\theta = 18^{\mathrm{h}}$ für einen Beobachter der geographischen Breite $\varphi = 48°$.

$t = 2^{\mathrm{h}} = 30°$

$\cos(h)\cos(A) = 0.375913 \quad A = 51°\!.3375$
$\cos(h)\sin(A) = 0.469846 \quad h = 53°\!.0068$
$\sin(h) = 0.798707$.

Zu 1.3.7: Auf- und Untergangszeiten

(a) Man berechne den Zeitpunkt des Sonnenuntergangs und des Endes der astronomischen Dämmerung am 21. Juni (Deklination der Sonne $\delta = +23°4$) für eine geographische Breite von 48°. Die Sonne kulminiere um 12^h.

Sonnenuntergang

$$h_1 = -0°8333 \quad \cos(t_1) = -0.504288$$
$$t_1 = 120°2841 = 8^h01^m$$

Dämmerung

$$h_2 = -18°0 \quad \cos(t_2) = -0.983810$$
$$t_2 = 169°6759 = 11^h19^m$$

t_1 und t_2 sind die Stundenwinkel der Sonne zu den betreffenden Ereignissen. Im Falle eines Sternes wären sie gleich der seit dem Meridiandurchgang verflossenen Sternzeit. Da sich die Rektaszension der Sonne jedoch täglich um 4 Minuten vergrößert, entsprechen t_1 und t_2 der seit dem Meridiandurchgang vergangenen Sonnenzeit (Weltzeit). Man erhält also:

Zeitpunkt des Sonnenuntergangs: 20^h01^m
Zeitpunkt des Dämmerungsendes: 23^h19^m

(b) Man berechne den Zeitpunkt des Mondaufgangs ($h = +0°08'$) für einen Ort der geographischen Länge $\lambda = +15°$ (östl. von Greenwich) und einer geographischen Breite $\varphi = +50°$ am 16. Januar 2001 in Mitteleuropäischer Zeit (MEZ=UT+1^h).

MEZ	UT	θ	α	δ	τ	t	n
12^h000	11^h000	19^h730	13^h707	$-5°026$	$+6^h023$	-5^h585	0.9661
-0.015	-1.015	7.682	13.295	-2.500	-5.613	-5.787	0.9684
-0.196	-1.196	7.501	13.288	-2.461	-5.787	-5.790	0.9682
-0.199	-1.199	7.498	13.288	-2.460	-5.790	-5.790	0.9682
-0.199	-1.199						

Die Iteration liefert somit für den Zeitpunkt des Mondaufgangs den 15. Januar 2001, 23^h48^m. Geht man dagegen vom Startwert 17. Januar, 12^h aus, dann erhält man als Aufgangszeitpunkt 1^h01^m dieses Tages. Am 16. Januar findet kein Mondaufgang statt.

Anm.: Die Berechnung der Sternzeit und der Mondkoordinaten ist in Abschn. 2.2.5 und Kap. 5 beschrieben.

Zu 1.4.1.2: Präzession in äquatorialen Koordinaten

Man transformiere die Koordinaten $\alpha_0 = 4^h$ und $\delta_0 = 50°$ (Äquinoktium B1950.0 = JD 2433282.423) ins Äquinoktium J2000.0 (JD 2451545.0).

$T_0 = -0.500002 \qquad T = +0.500002$

$\zeta = +1152\overset{''}{.}842 = +0°\!.320234$
$z = +1153\overset{''}{.}041 = +0°\!.320289$
$\theta = +1002\overset{''}{.}261 = +0°\!.278406$

$\cos(\delta)\cos(\alpha - z) = +0.314551$
$\cos(\delta)\sin(\alpha - z) = +0.558458$
$\sin(\delta) \qquad\quad = +0.767582$

$\delta = +50°\!.1372 \qquad \alpha - z = +60°\!.6096 \qquad \alpha = +60°\!.9299$

Die Näherungsformel liefert ein geringfügig abweichendes Ergebnis:

$\alpha - \alpha_0 = +0°\!.9279 \qquad \delta - \delta_0 = +0°\!.1392$.

Zu 1.4.1.3: Präzession in ekliptikalen Koordinaten

Man transformiere die Koordinaten $\lambda_0 = 210°$ und $\beta_0 = 5°$ (Äquinoktium J2000.0 = JD 2451545.0) ins Äquinoktium B1950.0 (JD 2433282.423).

$T_0 = 0.0 \qquad T = -0.500002$

$\Pi = +174°\!.99719$
$\pi = -0°\!.006531$
$p = -0°\!.698411$

$\cos(\beta)\cos(\Pi + p - \lambda) = +0.816007$
$\cos(\beta)\sin(\Pi + p - \lambda) = -0.571424$
$\sin(\beta) \qquad\qquad\quad = +0.087221$

$\beta = +5°\!.0037 \qquad \Pi + p - \lambda = -35°\!.0023 \qquad \lambda = +209°\!.3011$

Das gleiche Ergebnis erhält man in diesem Fall auch mit Hilfe der Näherungsformel:

$\lambda - \lambda_0 = -0°\!.6989 \qquad \beta - \beta_0 = +0°\!.0037$.

Zu 1.4.1.3: Transformation von Bahnelementen

Die mittleren Bahnelemente des Merkur zur Epoche 1950.0 bezogen auf Frühlingspunkt und Ekliptik von J2000.0 lauten:

$$i_0 = 7°\!.0078 \qquad \Omega = 48°\!.394 \qquad \varpi = 77°\!.3761$$

Man transformiere die Elemente ins Äquinoktium B1950.0 (Werte von Π, π und p wie im obigen Beispiel).

$$\lambda_0 = -41°\!.606 \qquad \beta_0 = 82°\!.9922 \qquad \omega_0 = 28°\!.9821$$

$$\begin{aligned}\cos(\beta)\cos(\Pi + p - \lambda) &= -0.097943 \\ \cos(\beta)\sin(\Pi + p - \lambda) &= -0.072634 \\ \sin(\beta) &= +0.992538\end{aligned}$$

$$\begin{aligned}\lambda &= -42°\!.2617 & \beta &= +82°\!.9961 \\ \Omega &= +47°\!.7383 & i &= +7°\!.0039\end{aligned}$$

$$\begin{aligned}\sin(i)\cos(\omega - \omega_0) &= +0.121937 \\ \sin(i)\sin(\omega - \omega_0) &= -0.000092\end{aligned}$$

$$\omega - \omega_0 = -0°\!.0430 \qquad \omega = +28°\!.9391 \qquad \varpi = +76°\!.6774$$

Die Näherungsformel liefert nahezu identische Ergebnisse:

$$\begin{aligned}i &= +7°\!.0039 \\ \Omega &= +47°\!.7382 \\ \omega &= +28°\!.9391 \qquad \varpi = +76°\!.6774 \ .\end{aligned}$$

Zu 1.4.1.5: Transformationsmatrizen

(a) Man führe die Rechnung aus Beispiel 1.4.1.2 in kartesischen Koordinaten durch.

$$A = \begin{pmatrix} +0.9999257080 & -0.0111789373 & -0.0048590033 \\ +0.0111789373 & +0.9999375134 & -0.0000271626 \\ +0.0048590033 & -0.0000271579 & +0.9999881946 \end{pmatrix}$$

$$x = \begin{pmatrix} +0.321394 \\ +0.556670 \\ +0.766044 \end{pmatrix}_{B1950} \qquad x' = \begin{pmatrix} +0.311425 \\ +0.560208 \\ +0.767582 \end{pmatrix}_{J2000}$$

(b) Man führe die Rechnung aus Beispiel 1.4.1.3 in kartesischen Koordinaten durch.

$$A = \begin{pmatrix} +0.9999257079 & +0.0121892775 & +0.0000113228 \\ -0.0121892787 & +0.9999257016 & +0.0001134152 \\ -0.0000099395 & -0.0001135448 & +0.9999999935 \end{pmatrix}$$

$$x = \begin{pmatrix} -0.862730 \\ -0.498097 \\ +0.087156 \end{pmatrix}_{J2000} \qquad x' = \begin{pmatrix} -0.868736 \\ -0.487534 \\ +0.087221 \end{pmatrix}_{B1950}$$

Zu 1.4.2: Nutation

(a) Man bestimme die Lage des mittleren Frühlingspunktes bezogen auf den wahren Frühlingspunkt sowie die wahre Ekliptikschiefe am 1. Januar 2005 (JD 2 453 371.5).

$T = +0.050007$

$l' = +357.724 \qquad \varepsilon = +23°26'19.''11$
$F = +136.681 \qquad \Delta\psi = -7.''40$
$D = +244.253 \qquad \Delta\varepsilon = +7.''60$
$\Omega = +28.325 \qquad \varepsilon' = +23°26'26.''71$

(b) Mit den obigen Werten bestimme man die wahren äquatorialen Koordinaten eines Sterns, dessen mittlere äquatoriale Koordinaten $\alpha = 4^h$ und $\delta = 30°$ sind.

$\alpha' - \alpha = \Delta\psi \cdot 1.116 - \Delta\varepsilon \cdot 0.289 = -10.''45$
$\delta' - \delta = \Delta\psi \cdot 0.199 + \Delta\varepsilon \cdot 0.866 = +5.''11$

$\alpha' = +3^h 59^m 59\overset{s}{.}30$
$\delta' = +30°00'05.''11$.

Zu 1.5: Aberration

Die geometrischen Koordinaten der Erde und des Planeten Jupiter am 2. und 3. Februar 2003 (jeweils 0^h TT) lauten:

	Erde		Jupiter	
Heliozentr.	Feb. 2.0	Feb. 3.0	Feb. 2.0	Feb. 3.0
x [AE]	−0.668008	−0.680836	−3.624933	−3.630544
y [AE]	+0.664692	+0.653825	+3.536817	+3.532353
z [AE]	+0.288175	+0.283464	+1.604263	+1.602486
Geozentr.			Feb. 2.0	Feb. 3.0
α			$+9^h 03^m 20\overset{s}{.}03$	$+9^h 02^m 47\overset{s}{.}93$
δ			$+17°42'23.''9$	$+17°44'47.''4$
Δ [AE]			+4.327192	+4.327415

Alle Angaben beziehen sich auf den Äquator und Frühlingspunkt von J2000.

(a) Man bestimme in erster Näherung die Lichtlaufzeit und den Zeitpunkt t' der Lichtaussendung sowie die astrometrischen Koordinaten des Jupiter für eine Beobachtung am 2. Februar um 0^h TT.

$\tau = +1.604263/173.14\,\text{d} = +0.024992\,\text{d}$
$t' = 1.\,\text{Feb. } 2003\ 23^h24^m01^s$

Interpolation der kartesischen Jupiterpositionen für den Zeitpunkt der Lichtaussendung liefert:

x' [AE] $= -3.624933 - 0.024992 \cdot (-0.005612) = -3.624792$
y' [AE] $= +3.536817 - 0.024992 \cdot (-0.004464) = +3.536929$
z' [AE] $= +1.604263 - 0.024992 \cdot (-0.001777) = +1.604307$

Somit lauten die astrometrischen geozentrischen Koordinaten:

$\alpha_{\text{astr,J2000}} = +9^h03^m19\overset{s}{.}44$
$\delta_{\text{astr,J2000}} = +17°42'26\overset{''}{.}2$

(b) Man bestimme den Einfluss der jährlichen Aberration auf die beobachtete Position des Jupiter im obigen Beispiel und zeige, dass die so korrigierten Koordinaten gleich den geometrischen Koordinaten zum Zeitpunkt der Lichtaussendung sind.

$\Delta\alpha_j = +20\overset{''}{.}90$
$\Delta\delta_j = -5\overset{''}{.}94$

$\alpha'_{\text{J2000}} = +9^h03^m20\overset{s}{.}83$
$\delta'_{\text{J2000}} = +17°42'20\overset{''}{.}3$

Das gleiche Ergebnis erhält man durch Interpolation der geometrischen Rektaszension und Deklination für den Zeitpunkt der Lichtaussendung:

$\alpha'_{\text{J2000}} = +9^h03^m20\overset{s}{.}03 - 0.024992 \cdot (-32\overset{s}{.}1) = +9^h03^m20\overset{s}{.}83$
$\delta'_{\text{J2000}} = +17°42'23\overset{''}{.}9 - 0.024992 \cdot (143\overset{''}{.}5) = +17°42'20\overset{''}{.}3$

Anmerkung: Berücksichtigt man zusätzlich noch Präzession und Nutation, dann erhält man die auf den wahren Frühlingspunkt und Äquator des Datums bezogenen *scheinbaren* (engl. *apparent*) Koordinaten

$\alpha_{\text{app}} = +9^h03^m30\overset{s}{.}37$
$\delta_{\text{app}} = +17°41'42\overset{''}{.}5$

des Planeten.

2 Zeitrechnung

2.1 Das Julianische Datum

Das Julianische Datum ist definiert als die Anzahl der Tage, die seit dem ersten Januar des Jahres 4713 v. Chr. 12 Uhr Weltzeit vergangen sind. Bis zum vierten Oktober 1582 n. Chr. galt der Julianische Kalender, demzufolge in denjenigen Jahren ein 29. Februar als Schalttag eingefügt wurde, deren astronomische Jahreszahl durch vier teilbar war (Anm.: das astronomische Jahr -4712 entspricht dabei dem Jahr 4713 v. Chr., das Jahr 0 dem Jahr 1. v. Chr.; darauf folgen die Jahre nach Christi Geburt, die in der astronomischen und in der christlichen Zählung gleich lauten, z.B. Jahr 1 und Jahr 1 n. Chr.).

Am Mittag des vierten Oktobers waren also insgesamt 2 299 160.0 Julianische Tage vergangen. Die gregorianische Kalenderreform ließ auf diesen Tag sofort den 15. Oktober 1582 folgen, dessen Beginn somit auf das Julianische Datum 2 299 160.5 fiel. Seit diesem Zeitpunkt gilt die bekannte Schaltjahresregel:

> Schaltjahr ist jedes Jahr, dessen Jahreszahl
> – durch vier, aber nicht durch hundert
> – oder durch vierhundert teilbar ist.

In diesen Jahren wird zwischen 28. Februar und 1. März ein 29. Februar als Schalttag eingeschoben.

Für die im Folgenden verwendeten Transformationsformeln gelten die hier angegebenen Bezeichnungen:

JD	Julianisches Datum
Y	Jahr
M	Monat
D	Tag
UT	Weltzeit
$\text{int}(x)$	ganzzahliger Teil einer Zahl ($\text{int}(1.3) = 1.0$; $\text{int}(-1.3) = -1.0$)
$\text{floor}(x)$	größte ganze Zahl, die kleiner oder gleich x ist ($\text{floor}(1.3) = 1.0$; $\text{floor}(-1.3) = -2.0$)

Da die Bezeichnung der beiden Funktionen von Rechner zu Rechner oft verschieden ist, sollte man sich vorher genau vergewissern, welche unter welchem Namen verfügbar ist. Zur Verdeutlichung gibt Abb. 2.1 einen Überblick über den Verlauf der beiden Funktionsgraphen.

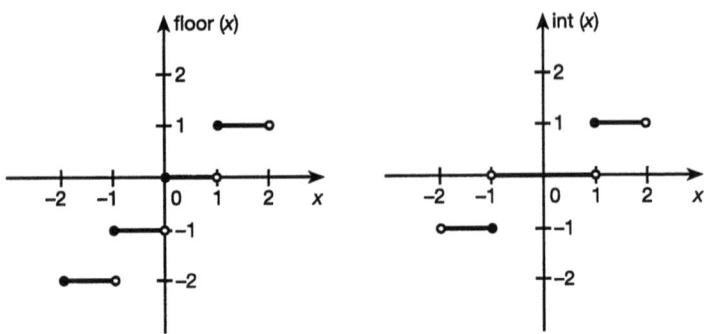

Abb. 2.1: Graphen von floor(x) und int(x)

2.1.1 Bestimmung des Julianischen Datums

Man berechnet zuerst die Hilfsgrößen y, m und B:

$y = Y - 1$ und $m = M + 12$ falls $M \leq 2$
$y = Y$ und $m = M$ falls $M > 2$

$B = -2$ bis einschließlich 04.10.1582
$B = \text{floor}(y/400) - \text{floor}(y/100)$ ab einschließlich 15.10.1582

Damit gilt:

$$JD = \text{floor}(365.25\,y) + \text{floor}(30.6001(m+1)) \\ + B + 1\,720\,996.5 + D + UT/24$$

Anmerkungen:

Im Zeitraum vom 1. März 1900 bis zum 28. Februar 2100 hat B den Wert -15 und die Formel verkürzt sich entsprechend, wenn man sich auf diesen Bereich beschränkt.

Für $y > 0$ kann floor(x) überall durch int(x) ersetzt werden. Für $y \leq 0$ muss floor$(365.25\,y)$ durch int$(365.25\,y - 0.75)$ ersetzt werden, in allen anderen Termen kann floor(x) mit int(x) vertauscht werden.

2.1.2 Bestimmung des Kalenderdatums aus dem Julianischen Datum

Man berechnet zuerst die Hilfsgrößen a, b, c, d, e und f:

$a = \text{floor}(JD + 0.5)$
$c = a + 1524$ falls $a < 2\,299\,161$
$b = \text{floor}((a - 1\,867\,216.25)/36524.25)$ falls $a \geq 2\,299\,161$
$c = a + b - \text{floor}(b/4) + 1525$ falls $a \geq 2\,299\,161$
$d = \text{floor}((c - 122.1)/365.25)$
$e = \text{floor}(365.25d)$
$f = \text{floor}((c - e)/30.6001)$

Damit gilt:

$D = c - e - \text{floor}(30.6001f) + (JD + 0.5 - a)$
$M = f - 1 - 12\,\text{floor}(f/14)$
$Y = d - 4715 - \text{floor}((7 + M)/10)$

Anmerkungen:

Für den Zeitraum vom 1. März 1900 (JD 2415079.5) bis 28. Februar 2100 (JD 2488128.49) ergibt sich die Vereinfachung $c = \text{floor}(JD + 0.5) + 1537$.

Statt $\text{floor}(x)$ kann überall $\text{int}(x)$ gesetzt werden.

2.2 Die verschiedenen Zeitdefinitionen

2.2.1 Internationale Atomzeit

Die Internationale Atomzeit TAI erfüllt heute am besten die Idee einer gleichförmig verfließenden Zeit. Ihre Einheit ist die SI-Sekunde des internationalen Einheitensystems:

Eine SI-Sekunde ist gleich der Dauer von 9 192 631 770 Schwingungen der Strahlung, die beim Übergang der zwei Hyperfeinniveaus des Grundzustandes des Caesium-133-Atoms entsteht.

Die TAI wurde 1972 eingeführt und löste die bis dahin verwendete Ephemeridenzeit als Grundlage der Zeitmessung ab.

2.2.2 Ephemeridenzeit und Dynamische Zeit

Nach Newcomb ergibt sich die auf den mittleren Frühlingspunkt des Datums bezogene mittlere Länge (mittlere Anomalie + Länge des Perihels) der Sonne als

$$L = 279°41'48\rlap{.}''04 + 129\,602\,768\rlap{.}''13 \cdot T + 1\rlap{.}''089 \cdot T^2 \quad .$$

T bezeichnet darin die Anzahl der Jahrhunderte seit dem Mittag des nullten Januar 1900. Da die obige Formel eine direkte Folgerung aus dem Gravitationsgesetz darstellt, ist T eine unabhängige Variable der zugrunde liegenden Theorie. Man kann deshalb den Ausdruck für L benutzen, um mit seiner Hilfe die so genannte Ephemeridenzeit (die Zeit, die die Grundlage der Ephemeridenrechnung bildet) zu definieren. Ausgangspunkt der Zählung ist der als Jan. 0., 1900 12^h Ephemeridenzeit (ET) bezeichnete Moment, in dem die mittlere Länge der Sonne $279°41'48\rlap{.}''04$ beträgt ($T = 0$). Die Änderung dL/dT beträgt zu diesem Zeitpunkt $129\,602\,768\rlap{.}''13$. Definiert man ferner die Einheit von T als 100 Ephemeridenjahre à 365.25 Ephemeridentage à 86 400 Ephemeridensekunden, insgesamt also 3 155 760 000 Ephemeridensekunden, dann vergingen

$$\frac{360 \cdot 3600''}{129\,602\,768\rlap{.}''13} \cdot 3\,155\,760\,000\,\text{s} = 31\,556\,925.9747\,\text{s}$$

Ephemeridenzeit, bis sich die Sonnenlänge um 360° geändert hätte, falls die obige Geschwindigkeit konstant wäre. Da es sich hierbei um einen Umlauf von Frühlingspunkt zu Frühlingspunkt handelt, entspricht dieser Zeitraum einem tropischen Jahr.

Ausgehend von den angeführten Überlegungen gelangt man schließlich zu der folgenden, von der IAU verabschiedeten, Definition der Ephemeridensekunde:

> Eine Ephemeridensekunde ist der 31 556 925.9747-te Teil der Länge eines tropischen Jahres am Jan. 0, 1900 12^h Ephemeridenzeit.

Eine Ephemeridensekunde hat praktisch die gleiche Länge wie eine SI-Sekunde, so dass sich ET und TAI im Wesentlichen nur um eine Konstante unterscheiden.

$$\text{ET} = \text{TAI} + 32.184\,\text{s}$$

Seit 1984 werden statt der Ephemeridenzeit die Terrestrische (Dynamische) Zeit (TT) und die Baryzentrische Dynamische Zeit (TDB) verwendet. Einheit der TT ist die SI-Sekunde und aus Gründen einer kontinuierlichen Zeitzählung wird

$$\text{TT} = \text{TAI} + 32.184\,\text{s}$$

gesetzt. Zur Darstellung von auf den Schwerpunkt des Sonnensystems bezogenen Bewegungen wird die TDB verwendet, da aufgrund relativistischer Effekte ein Beobachter auf der Erde eine andere Eigenzeit (TT) misst. TDB und TT unterscheiden sich um maximal 0.002 s, was im Rahmen der meisten Rechnungen vernachlässigt werden kann.

2.2.3 Weltzeit

Im Gegensatz zur Atom- und Ephemeridenzeit ist die im Folgenden besprochene Weltzeit kein gleichförmiges Zeitmaß. Ihr Ziel ist vielmehr, langfristig in gutem Einklang mit der täglichen und jährlichen Bewegung der Sonne zu stehen. Der Lauf der Sonne als Ursache von Tag und Nacht ist ja immer noch das bestimmende Element unseres Lebens. Würde sich die Sonne nicht vor dem Sternenhintergrund verschieben, dann wäre die Sternzeit ein Maß, das den gewünschten Zweck erfüllen würde. Um die Zeit dem Sonnenlauf anzupassen, ging man folgenden Weg:

Die Bewegung der wahren Sonne wurde zuerst durch eine so genannte mittlere Sonne mit definierter, gleichförmig anwachsender Rektaszension A ersetzt. Als mittlere Sonnenzeit definierte man dann den um 12^h vergrößerten Stundenwinkel dieser mittleren Sonne, da der Moment des Meridiandurchgangs (Stundenwinkel 0^h) mit dem Mittag (12^h) zusammenfallen sollte. Durch die Einführung der mittleren Sonne erhielt man ein Zeitmaß, das von kurzen Schwankungen (sog. Zeitgleichung) durch die Projektion der Sonnenbahn auf den Äquator und die elliptische Bahn befreit war. Die mittlere Sonnenzeit war damit annähernd gleichförmig und an den Sonnenlauf angepasst. Da um 12^h Sonnenzeit der Stundenwinkel der mittleren Sonne 0^h betrug, war in diesem Moment der Stundenwinkel des Frühlingspunktes (also die Sternzeit) gleich der Rektaszension A der mittleren Sonne. Aus diesen Überlegungen heraus kam man schließlich zur heutigen Weltzeit.

Nach Definition der IAU von 1981 ist die mittlere Sternzeit von Greenwich (siehe 2.2.5) um 0^h Weltzeit (UT) gegeben durch:

$$\Theta(\mathrm{UT} = 0^h) = 24110\overset{s}{.}54841 + 8640184\overset{s}{.}812866 \cdot T \\ + 0\overset{s}{.}093104 \cdot T^2 - 0\overset{s}{.}0000062 \cdot T^3 \quad .$$

Dabei ist T die seit dem ersten Januar 2000, 12^h UT (JD 2451545) vergangene Zeit, gemessen in Jahrhunderten zu je 36525 Tagen Weltzeit.

Da die Greenwich-Sternzeit aus Beobachtungen von Meridiandurchgängen bestimmbar ist, lässt sich durch diese Beziehung auch die Weltzeit in jedem Augenblick berechnen. Die Definition der Terrestrischen

Zeit wurde so auf die der Weltzeit abgestimmt, dass die Differenz $\Delta T = \text{TT} - \text{UT}$ zu Beginn dieses Jahrhunderts annähernd gleich Null war. Der genaue Wert ΔT ist nur im nachhinein bestimmbar. Es ist jedoch der allgemeine Trend festzustellen, dass ΔT um etwa 0.5 bis 1 Sekunde pro Jahr zunimmt. Dieser Wert entspricht der Verzögerung der Erdrotation durch die Gezeitenreibung. Der restliche Betrag ist nicht vorhersehbar und wird wahrscheinlich durch Massenverschiebungen im Erdinneren sowie durch den Einfluss der Atmosphäre verursacht. Eine Tabelle der bisherigen Werte ist im Anhang A.6 gegeben. Für Zeiträume zwischen 1825 und 2000 kann man darüberhinaus die nachfolgenden Approximationen verwenden, die jeweils Abschnitte von 25 Jahren mit einer typischen Genauigkeit von 1 s abdecken.

Tabelle 2.1: Polynomapproximationen der Differenz $\Delta T = \text{TT} - \text{UT}$ von Terrestrischer Zeit und Weltzeit ($T = (\text{JD} - 2451545)/36525$)

Zeitraum	$\Delta T = \text{TT} - \text{UT}$	Argument
1825 − 1850	$10^{\rm s}\!4 - 80^{\rm s}\!8t + 413^{\rm s}\!9t^2 - 572^{\rm s}\!3t^3$	$t = T + 1.75$
1850 − 1875	$6^{\rm s}\!6 + 46^{\rm s}\!3t - 358^{\rm s}\!4t^2 + 18^{\rm s}\!8t^3$	$t = T + 1.50$
1875 − 1900	$-3^{\rm s}\!9 - 10^{\rm s}\!8t - 166^{\rm s}\!2t^2 + 867^{\rm s}\!4t^3$	$t = T + 1.25$
1900 − 1925	$-2^{\rm s}\!6 + 114^{\rm s}\!1t + 327^{\rm s}\!5t^2 - 1467^{\rm s}\!4t^3$	$t = T + 1.00$
1925 − 1950	$24^{\rm s}\!2 - 6^{\rm s}\!3t - 8^{\rm s}\!2t^2 + 483^{\rm s}\!4t^3$	$t = T + 0.75$
1950 − 1975	$29^{\rm s}\!3 + 32^{\rm s}\!5t - 3^{\rm s}\!8t^2 + 550^{\rm s}\!7t^3$	$t = T + 0.50$
1975 − 2000	$45^{\rm s}\!3 + 130^{\rm s}\!5t - 570^{\rm s}\!5t^2 + 1516^{\rm s}\!7t^3$	$t = T + 0.25$

2.2.4 Koordinierte Weltzeit

Als Verknüpfung von UT und TAI wurde die UTC eingeführt, die von den Zeitzeichensendern ausgegeben wird. Sie weicht von der TAI um ganze Sekunden und von der UT um nicht mehr als 0.9 s ab. Dies wird durch Schaltsekunden erreicht, die bei Bedarf Ende Juni oder Ende Dezember eingelegt werden. Die UTC ist somit die Zeit, die eine »richtiggehende« Uhr anzeigt, wenn man die entsprechende Zeitzone berücksichtigt.

2.2.5 Sternzeit

In 1.2.6 wurde die Sternzeit definiert als die auf den momentanen Frühlingspunkt bezogene Rektaszension des Zenitpunktes. Anstelle des Zenitpunktes kann dabei natürlich auch jeder andere Punkt des Meridians treten. In Strenge unterscheidet man zwischen wahrer und mittlerer Sternzeit, je nachdem, ob man sich auf den wahren oder mittleren Frühlingspunkt bezieht (vgl. 1.4.2). Der Unterschied zwischen Θ_{app} (apparent sidereal time) und Θ ergibt sich entsprechend aus der Differenz der Rektaszensionen von wahrem und mittlerem Frühlingspunkt.

$$\Theta_{\text{app}} = \Theta + \Delta\psi \cdot \cos\varepsilon$$

Θ_{app} wahre Greenwich-Sternzeit
Θ mittlere Greenwich-Sternzeit
$\Delta\psi$ Nutation in Länge
ε Ekliptikschiefe

Die numerischen Werte von $\Delta\psi$ und ε sind in 1.4.2 gegeben. $\Delta\lambda$ ist dabei ins Zeitmaß zu übertragen (1 s = 15″). Der Unterschied zwischen Θ_{app} und Θ beträgt maximal etwa eine Zeitsekunde.

Aus der Definitionsgleichung der Weltzeit in 2.2.3 lässt sich die folgende (leicht vereinfachte) Beziehung ableiten, mit der sich die Sternzeit am Meridian von Greenwich für beliebige Uhrzeiten berechnen lässt:

$$\Theta = 6^{\text{h}}\!.664520 + 0^{\text{h}}\!.0657098244 \cdot (\text{JD}_0 - 2451544.5)$$
$$+ 1^{\text{h}}\!.0027379093 \cdot \text{UT}$$

Θ mittlere Greenwich-Sternzeit
JD_0 Julianisches Datum um 0^{h} Weltzeit
UT Weltzeit ($0^{\text{h}} \leq \text{UT} < 24^{\text{h}}$)

Man halte sich dabei immer vor Augen, dass dieser Ausdruck eigentlich die Weltzeit zu gegebener Sternzeit definiert, weshalb man auch UT nicht durch TT ersetzen darf.

Aus der Sternzeit von Greenwich erhält man auf einfache Weise die Sternzeit an jedem beliebigen Ort der Erde, wenn man berücksichtigt, dass die Differenz der Sternzeit an zwei verschiedenen Orten gleich der Differenz ihrer geographischen Länge ist.

$$\theta = \Theta + \lambda \cdot \left(\frac{1^{\text{h}}}{15°}\right)$$

θ mittlere Ortssternzeit
Θ mittlere Greenwich-Sternzeit
λ geographische Länge (positiv östlich von Greenwich)

Anmerkung

24^h Sternzeit entsprechen nicht exakt der Zeit einer (siderischen) Erdumdrehung. Da der Frühlingspunkt an einem Tag etwa 0.008 s in Rektaszension zurückwandert, vergehen zwischen zwei aufeinanderfolgenden Meridiandurchgängen des Frühlingspunktes (ein Sterntag) 0.008 s weniger, als die Erde für eine Umdrehung benötigt.

2.3 Standardepochen und Besseljahr

In der astronomischen Zeitrechnung hat sich besonders bei der Angabe von Äquinoktien die Verwendung bestimmter Standardepochen eingebürgert. Sie unterscheiden sich um ganze Julianische Jahrhunderte zu je 36525 Tagen und sind durch den Vorsatz »J« gekennzeichnet. Zur Zeit ist im Wesentlichen die Epoche J2000 in Gebrauch:

J1900: JD 2 415 020.0 = Jan. $0\overset{d}{.}5$, 1900
J2000: JD 2 451 545.0 = Jan. $1\overset{d}{.}5$, 2000 .

Die julianischen Standardepochen ersetzen das früher gebräuchliche Besseljahr. Es ist definiert als die Zeit eines Umlaufs der fiktiven mittleren Sonne (vgl. 2.2.3) und beginnt, wenn deren Rektaszension gleich $18^h 40^m$ ist. Für praktische Rechnungen kann die Länge eines Besseljahres gleich der eines tropischen Jahres gesetzt werden. Die kleineren Unterschiede entstehen durch eine schwache langfristige Beschleunigung des Sonnenumlaufs, während die mittlere Sonne definitionsgemäß mit konstanter Geschwindigkeit vor dem Sternenhintergrund bewegt ist. Zur Unterscheidung vom normalen Jahresbeginn verwendet man den Vorsatz »B«. So bedeutet also B1950 den Beginn des Besselschen Sonnenjahres 1950. Das Julianische Datum des Beginns eines beliebigen Besseljahres Y_B erhält man aus der folgenden Formel:

$$JD = 2415020.31352 + 365.242198781 \cdot (Y_B - 1900) \quad .$$

Es ist also also zum Beispiel:

B1950: JD 2 433 282.423 = Jan. $0\overset{d}{.}923$, 1950
B1982: JD 2 444 970.174 = Jan. $0\overset{d}{.}674$, 1982 .

Rechenbeispiele zu Kapitel 2

Die Nummern der Beispiele beziehen sich auf die entsprechenden Abschnitte des Kapitels.

Zu 2.1.1: Bestimmung des Julianischen Datums

Man berechne das Julianische Datum am 18. Januar 1983, $7^h 12^m$ UT.

$Y = 1983 \quad y = 1982$
$M = 1 \quad\quad m = 13$
$D = 18 \quad\quad B = 4 - 19 = -15$
$\text{UT} = 7\overset{h}{.}20$

$\text{JD} = 723\,925 + 428 - 15 + 1\,720\,996.5 + 18 + 0.3 = 2\,445\,352.8$

Zu 2.1.2: Bestimmung des Kalenderdatums

Wann beginnt das Besseljahr B1950 (JD 2 433 282.423)?

$a = 2\,433\,282 \quad D = 31.923$
$b = 15 \quad\quad\quad\; M = 12$
$c = 2\,434\,819 \quad Y = 1949$
$d = 6665$
$e = 2\,434\,391$
$f = 13$

Der Beginn des Besseljahres fällt damit auf den 31. Dezember 1949 $22^h 09^m$ UT beziehungsweise auf den 0. Januar 1950, $22^h 09^m$ UT.

Zu 2.2.5: Sternzeit

Man bestimme die wahre und die mittlere Sternzeit am 1. Januar 1982 um 1^h MEZ für München ($\lambda = +11°36\overset{'}{.}5$, $\Delta\lambda = -15\overset{''}{.}476$, $\varepsilon = 23°26'27''$).

$1^h \text{MEZ} = 0^h \text{UT}$
$\text{JD(UT)} = 2444970.5$
$\Delta\psi \cos\varepsilon = -0\overset{s}{.}947$

$\Theta = 6^h 41^m 17\overset{s}{.}3$ (mittlere Greenwich-Sternzeit)
$\Theta_{\text{app}} = 6^h 41^m 16\overset{s}{.}3$ (wahre Greenwich-Sternzeit)
$\theta = 7^h 27^m 43\overset{s}{.}3$ (mittlere Sternzeit München)
$\theta_{\text{app}} = 7^h 27^m 42\overset{s}{.}3$ (wahre Sternzeit München)

3 Das Zweikörperproblem

3.1 Der Ort im Zweikörperproblem

Die Ursache der Planetenbewegung liegt in der Gravitation. Zwei Körper ziehen sich mit einer Kraft an, die proportional zu den Massen der Körper und umgekehrt proportional zum Quadrat ihres Abstandes ist. Durch das Gravitationsgesetz ist die Bewegung eines Systems von Massenprodukten eindeutig festgelegt, jedoch meistens nicht direkt berechenbar. Im Allgemeinen ist man auf Näherungslösungen oder numerische Verfahren angewiesen. Bei der Beschränkung auf zwei Körper treten diese Schwierigkeiten nicht auf und es ist möglich, analytische Ausdrücke für die Bewegung der beiden Körper für beliebige Anfangsbedingungen anzugeben. Als wichtigste Folgerungen aus dem Gravitationsgesetz ergeben sich:

- Aus der Sicht des Schwerpunktes der beiden Massen, der sich im Raum mit gleichförmiger Geschwindigkeit bewegt, verläuft die Bewegung beider Körper in einer gemeinsamen, festen Ebene.
- Jeder der Körper bewegt sich auf einer Bahn um den Schwerpunkt, die die Form eines Kegelschnitts hat. Da das Verhältnis der Abstände vom Schwerpunkt nur von den Massen abhängt und somit fest ist, sind beide Bahnen ähnlich und die Bahn des einen Körpers relativ zum anderen ist ebenfalls ein Kegelschnitt.

In diesem Kapitel soll gezeigt werden, wie die relative Bewegung von zwei Massen im Sonnensystem im Rahmen des Zweikörperproblems im einzelnen beschrieben werden kann. Üblicherweise wird dabei einer der Körper die Sonne sein. Als zweiter Körper kommen außer Planeten auch Asteroiden und Kometen in Betracht. Um ein möglichst vollständiges Bild der möglichen Bahnen zu erhalten, werden neben elliptischen und parabolischen auch hyperbolische und geradlinige Bahnen diskutiert.

Der Natur der Sache nach wird jede Anwendung des Zweikörperproblems auf das Sonnensystem nur eine Näherung der tatsächlichen Verhältnisse sein. Es bleibt jedoch häufig die Grundlage und erste Näherung für die Lösung des Mehrkörperproblems. Einige Wege zu einer besseren Beschreibung der tatsächlichen Bahnen werden in Kapitel 4 vorgestellt. Zuletzt sei noch auf die Ableitung der Kegelschnittsgleichungen und der wichtigsten Beziehungen des Zweikörperproblems im Anhang hingewiesen.

3.1.1 Elliptische Bahn

3.1.1.1 Geometrie der Ellipse

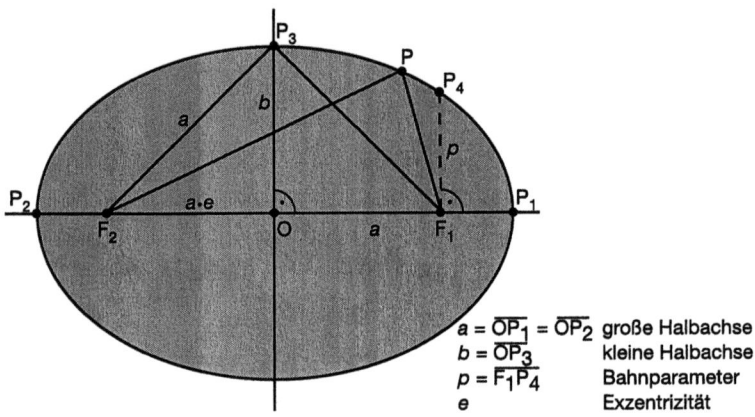

$a = \overline{OP_1} = \overline{OP_2}$ große Halbachse
$b = \overline{OP_3}$ kleine Halbachse
$p = \overline{F_1P_4}$ Bahnparameter
e Exzentrizität

Abb. 3.1: Geometrie der Ellipse

Als Grundgleichungen der Ellipse erhält man:

$$\overline{F_1P} + \overline{F_2P} = 2a \qquad p = a \cdot (1 - e^2) \qquad e = \frac{\sqrt{a^2 - b^2}}{a}$$

Für $e = 0$ geht die Ellipse in einen Kreis über.

3.1.1.2 Die Ellipse als Planetenbahn

Falls die Bewegungsenergie eines Körpers nicht ausreicht, um das Gravitationsfeld der Sonne zu verlassen, dann bewegt er sich in einer geschlossenen Bahn um die Sonne. Die Bahnform ist dann in den meisten Fällen eine Ellipse, denkbar ist aber auch eine Kreisbahn. In einem der Brennpunkte steht immer die Sonne. Man nennt:

Perihel   sonnennächster Punkt
Aphel   sonnenfernster Punkt
Apsidenlinie   Verbindungslinie von Aphel und Perihel
Wahre Anomalie   Winkel zwischen dem Perihel und dem momentanen Planetenort von der Sonne aus gesehen.

Zur Beschreibung eines Planetenortes in der Bahn verwendet man die wahre Anomalie (v) und die Sonnenentfernung (r).

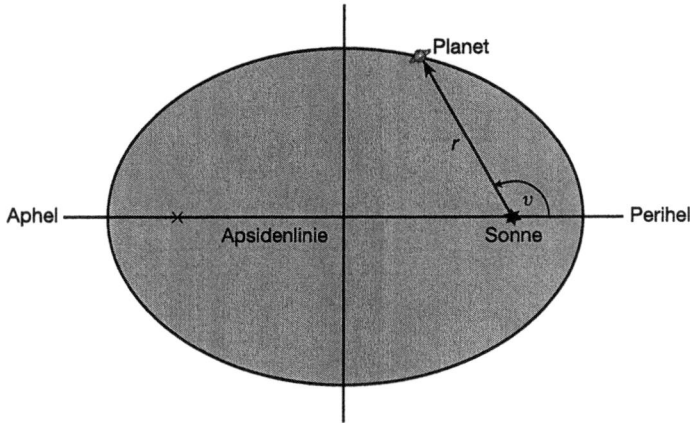

Abb. 3.2: Ellipse als Planetenbahn

3.1.1.3 Bahnelemente für die elliptische Bahn

Für die Berechnung eines heliozentrischen Planetenortes benötigt man sieben Größen, die so genannten Bahnelemente:

a	große Halbachse (bestimmt die Bahngröße)
e	Exzentrizität (bestimmt die Bahnform)
T	Umlaufszeit
t_0	Zeitpunkt des Periheldurchgangs
ω	Winkel zwischen Perihel und aufsteigendem Knoten
Ω	Länge des aufsteigenden Knotens
i	Bahnneigung (Winkel zwischen Ekliptik und Bahnebene)

Dabei legen die ersten vier Elemente den Ort in der Bahn fest. Die restlichen dienen zur Umrechnung aus dem System der Bahnebene in das heliozentrische System (siehe Abschn. 1.2.1 und 1.3.1). Da diese Lageelemente auch von der Wahl der Ekliptik und des Frühlingspunktes abhängen, ist immer anzugeben, auf welches Äquinoktium sie sich beziehen!

In der Literatur ist meist nur von sechs notwendigen Bahnelementen die Rede, da die Umlaufszeit und die große Halbachse der Bahn über das Gravitationsgesetz verknüpft sind. Zu beachten ist aber, dass in dieses Gesetz nicht nur die Sonnenmasse sondern auch die Planetenmasse eingeht. Auch wenn diese in den meisten Fällen vernachlässigt werden kann, benötigt man streng genommen doch immer sieben unabhängige Größen zur allgemeinen Beschreibung des Zweikörperproblems.

$$\frac{a^3}{T^2} = G \cdot \frac{(M_\odot + m)}{4\pi^2}$$

$$G = 2.959122083 \cdot 10^{-4} \, \text{AE}^3 M_\odot^{-1} \text{d}^{-2}$$

$M_\odot$	Sonnenmasse
m	Planetenmasse
a	große Halbachse
T	Umlaufszeit
G	Gravitationskonstante

Daneben gibt es aber noch eine Reihe von weiteren Größen, die wahlweise an die Stelle einzelner Bahnelemente treten können. Besonders häufig werden die mittlere tägliche Bewegung (n) und die Länge des Perihels (ϖ) verwendet:

$$n = \frac{360°}{T} \cdot 1^\text{d} \quad \text{(Gradmaß)} \qquad n = \frac{2\pi}{T} \cdot 1^\text{d} \quad \text{(Bogenmaß)}$$

$$\varpi = \omega + \Omega$$

T Umlaufszeit
n mittlere tägliche Bewegung
ϖ Länge des Perihels

Man beachte, dass ϖ kein echter Winkel ist, sondern als Summe zweier Winkel in verschiedenen Ebenen definiert ist. ϖ ist wie seine Komponenten vom Äquinoktium abhängig.

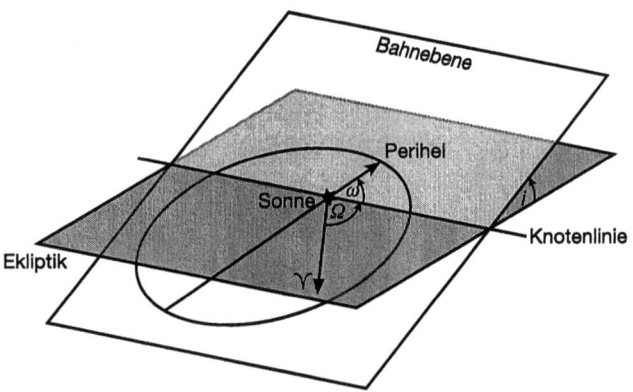

Abb. 3.3: Die Festlegung der räumlichen Lage der Bahn durch Ω, ω und i

3.1.1.4 Berechnung des Bahnortes

Die mittlere Anomalie

Die mittlere Anomalie ist der Winkelabstand vom Perihel, den der Planet hätte, wenn er sich auf einer Kreisbahn – also mit konstanter Winkelgeschwindigkeit – um die Sonne bewegen würde.

$$M = \frac{360°}{T} \cdot (t - t_0) \qquad M = \frac{2\pi}{T} \cdot (t - t_0) \qquad \text{(Grad-/Bogenmaß)}$$

M mittlere Anomalie; das Ergebnis ist ggf. durch Addition oder Subtraktion von 360° bzw. 2π so lange zu reduzieren, bis es im Bereich von 0° bis 360° (0 bis π) liegt.
T Umlaufszeit
t_0 Zeitpunkt des Periheldurchgangs

Die exzentrische Anomalie

Bevor man die wahre Anomalie berechnen kann, benötigt man eine Hilfsgröße, die exzentrische Anomalie (E). Man erhält sie über die Keplersche Gleichung aus der mittleren Anomalie:

$$E - \frac{180°}{\pi} \cdot e \cdot \sin E = M \qquad E - e \cdot \sin E = M$$
(Gradmaß) (Bogenmaß)

M mittlere Anomalie
e Exzentrizität
E exzentrische Anomalie

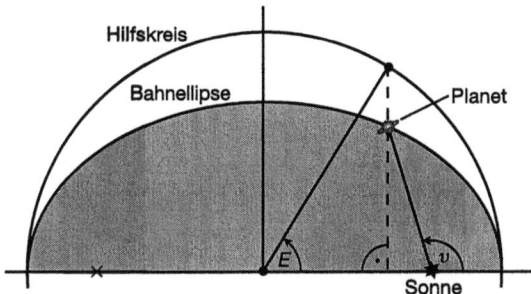

Abb. 3.4: Zusammenhang zwischen wahrer und exzentrischer Anomalie

Die Auflösung der Keplerschen Gleichung

Die Keplergleichung lässt sich nur iterativ nach E auflösen. Dazu eignen sich z.B. die beiden folgenden Verfahren:

Man setzt $E_0 = M$ und berechnet über die Fixpunktiteration

$$E_{i+1} = M + \frac{180°}{\pi} \cdot e \cdot \sin E_i \qquad E_{i+1} = M + e \cdot \sin E_i$$
(Gradmaß) (Bogenmaß)

oder das Newtonverfahren

$$E_{i+1} = E_i - \frac{M - E_i + \frac{180°}{\pi} \cdot e \cdot \sin E_i}{e \cdot \cos E_i - 1} \qquad \text{(Gradmaß)}$$

$$E_{i+1} = E_i - \frac{M - E_i + e \cdot \sin E_i}{e \cdot \cos E_i - 1} \qquad \text{(Bogenmaß)}$$

so lange verbesserte Werte E_i, bis $|E_{i+1} - E_i| < \varepsilon$. Zu empfehlen ist $\varepsilon = 0.00001°$ (Gradmaß) bzw. $\varepsilon = 0.0000001$ (Bogenmaß). E_{i+1} erfüllt dann die Keplergleichung mit einer Genauigkeit von etwa $0\rlap{.}''05$. Das erste Verfahren ist rechnerisch einfacher, konvergiert aber bei hohen Exzentrizitäten schlechter.

Ersetzt man beim Newtonverfahren im Nenner E_i durch M, dann hat man in jedem Schritt nur eine Winkelfunktion neu zu berechnen. Für kleine Exzentrizitäten bleibt die gute Konvergenz dabei erhalten.

Wahre Anomalie und Radius

Kennt man die exzentrische Anomalie, dann kann man daraus die wahre Anomalie und die Entfernung von der Sonne bestimmen:

$r \cdot \cos(v) = a \cdot (\cos E - e)$ r Entfernung von der Sonne
$r \cdot \sin(v) = a \cdot \sqrt{1-e^2} \cdot \sin(E)$ v wahre Anomalie
    E exzentrische Anomalie
oder e Exzentrizität
    a große Halbachse

$$\tan \frac{v}{2} = \sqrt{\frac{1+e}{1-e}} \cdot \tan \frac{E}{2}$$

$$r = a \cdot (1 - e \cos E)$$

Die dritte Gleichung kann über die Arcustangens-Funktion direkt und eindeutig aufgelöst werden.

Die Differenz zwischen wahrer und mittlerer Anomalie wird auch als Mittelpunktsgleichung bezeichnet. Einen Überblick über die Werte der Mittelpunktsgleichung für verschiedene Exzentrizitäten gibt die folgende Abbildung.

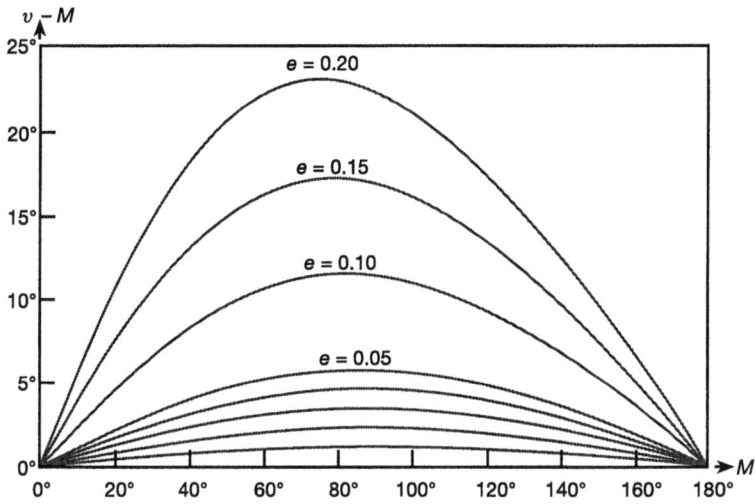

Abb. 3.5: Die Mittelpunktsgleichung ($e = 0.01, 0.02, 0.03, 0.04, 0.05, 0.10, 0.15, 0.20$)

3.1.1.5 Reduktion auf die Ekliptik

Nachdem man die heliozentrischen Koordinaten bezogen auf die Bahnebene und das Perihel kennt, folgt als letzter Schritt die Umrechnung auf ekliptikale Koordinaten. Dazu berechnet man zuerst das Argument der Breite (u), das den Winkel zwischen aufsteigendem Knoten und Planeten angibt.

$u = \omega + v$
- u Argument der Breite (Winkel Knoten–Planet)
- ω Argument des Perihels (Winkel Knoten–Perihel)
- v wahre Anomalie (Winkel Perihel–Planet)

Mit Hilfe der verbleibenden Bahnelemente Ω und i erhält man daraus die ekliptikalen Koordinaten des Planeten (vgl. Abschn. 1.3.1). Das Äquinoktium dieser Koordinaten ist gleich dem der Bahnelemente.

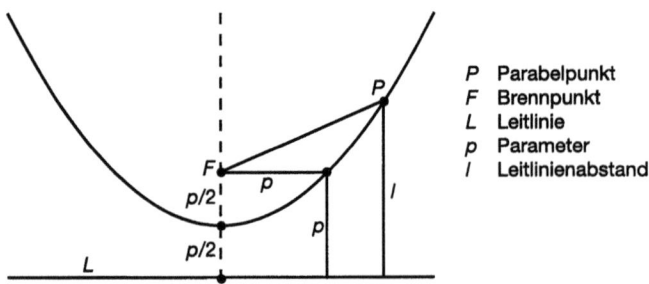

Abb. 3.6: Geometrie der Parabel

3.1.2 Parabolische Bahn

3.1.2.1 Geometrie der Parabel

Die Parabel ergibt sich als Menge aller Punkte, deren Abstand vom Brennpunkt gleich ihrem Abstand von der Leitlinie ist. Als Parameter bezeichnet man die Entfernung desjenigen Parabelpunktes vom Brennpunkt, der auf der Parallelen zur Leitlinie durch den Brennpunkt liegt. Die Exzentrizität der Parabel ist gleich Eins.

3.1.2.2 Die Parabel als Bahn im Sonnensystem

Ein Körper bewegt sich genau dann auf einer Parabel um die Sonne, wenn seine Bewegungsenergie gerade ausreicht, um ihr Gravitationsfeld zu verlassen. Dies ist zum Beispiel bei vielen Kometen der Fall. Die Definition der Größen in Abb. 3.7 entspricht der in Abschn. 3.1.1.2. Die Parabelbahn ist nicht mehr geschlossen, es gibt also kein Aphel. Im Gegensatz zur Hyperbel durchläuft v aber noch alle Werte von $-180°$ bis $+180°$.

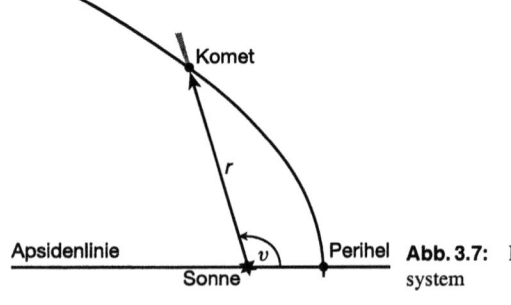

Abb. 3.7: Parabel als Bahn im Sonnensystem

3.1.2.3 Bahnelemente der parabolischen Bahn

Da mit $e = 1$ die Exzentrizität der Parabel von vornherein festliegt, benötigt man nur noch sechs Bahnelemente. Im Allgemeinen verwendet man:

q	Perihelabstand
m	Masse des umlaufenden Körpers
t_0	Zeitpunkt des Periheldurchgangs
ω	Winkel zwischen Perihel und aufsteigendem Knoten
Ω	Länge des aufsteigenden Knotens
i	Bahnneigung

Der Perihelabstand ergibt sich als $q = p/2$ aus dem Bahnparameter, wie man Abb. 3.6 entnehmen kann. Zu den Lageelementen der Bahn ist wie üblich das Äquinoktium anzugeben. Statt ω kann auch hier wieder ϖ verwendet werden (vgl. Abschn. 3.1.1.3).

Da die Masse eines Kometen gegenüber der Sonnenmasse vernachlässigbar ist, wird m üblicherweise gleich Null gesetzt. Der Fehler, den man dabei macht, ist in jedem Fall klein gegenüber dem Fehler, der durch die Vernachlässigung anderer störender Planetenmassen entsteht.

3.1.2.4 Berechnung des Bahnortes

Die wahre Anomalie ergibt sich aus der Barkerschen Gleichung als Funktion der Zeit.

$$\frac{1}{3} \cdot \tan^3\left(\frac{v}{2}\right) + \tan\left(\frac{v}{2}\right) = \sqrt{\frac{G \cdot (M_\odot + m)}{2q^3}} \cdot (t - t_0)$$

v	wahre Anomalie
$M_\odot$	Sonnenmasse
m	umlaufende Masse (i.a. $m = 0$)
q	Perihelabstand
t_0	Zeitpunkt des Periheldurchgangs
t	Berechnungszeitpunkt
G	Gravitationskonstante
	($G = 2.959122083 \cdot 10^{-4} \mathrm{AE}^3 M_\odot^{-1} \mathrm{d}^{-2}$)

Die Barkersche Gleichung stellt eine kubische Gleichung in $\tan(v/2)$ dar, die sich analytisch nach v auflösen lässt.

Direkte Auflösung der Barkerschen Gleichung

Mit

$$A = \frac{3}{2} \cdot \sqrt{\frac{G \cdot (M_\odot + m)}{2q^3}} \cdot (t - t_0) \qquad B = \sqrt[3]{\sqrt{A^2+1} + A}$$

gilt

$$\tan \frac{v}{2} = B - 1/B$$

Aus der nunmehr bekannten wahren Anomalie folgt dann über die allgemeine Kegelschnittsgleichung (siehe Anhang A.3) die Entfernung von der Sonne.

$$r = \frac{2q}{1 + \cos v} = q \cdot \left(1 + \tan^2 \frac{v}{2}\right)$$

v wahre Anomalie
q Perihelabstand
r Entfernung von der Sonne

Für die Rechnung in kartesischen Koordinaten sind ferner die folgenden Beziehungen von Interesse:

$$r \cdot \cos(v) = q \cdot \left(1 - \tan^2 \frac{v}{2}\right)$$
$$r \cdot \sin(v) = 2q \cdot \tan \frac{v}{2}$$

v wahre Anomalie
q Perihelabstand
r Entfernung von der Sonne

3.1.2.5 Reduktion auf die Ekliptik

Aus der wahren Anomalie und der Entfernung von der Sonne (bzw. aus den Größen $r \cdot \cos(v)$ und $r \cdot \sin(v)$ berechnet man nun mit Hilfe der Formeln in Abschn. 1.3.1 die heliozentrischen ekliptikalen Koordinaten des Himmelskörpers. Hieraus lassen sich dann die geozentrischen Koordinaten bestimmen, wenn man zuvor die Position der Erde relativ zur Sonne berechnet hat.

3.1.3 Hyperbolische Bahn
3.1.3.1 Geometrie der Hyperbel

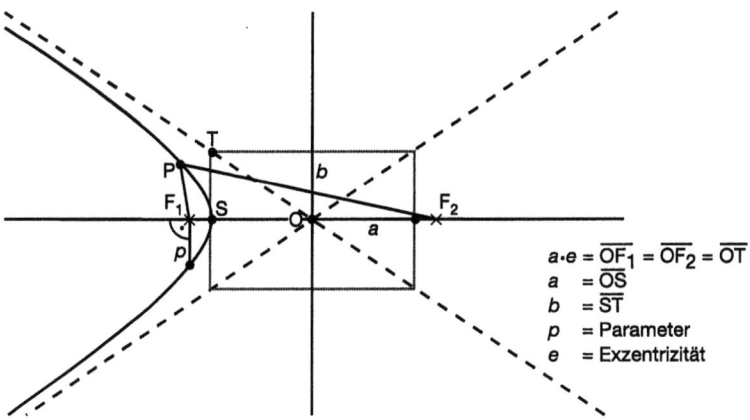

Abb. 3.8: Geometrie der Hyperbel

Die Grundgleichungen der Hyperbel lauten:

$$\overline{F_2P} - \overline{F_1P} = 2a \qquad p = a \cdot (1 - e^2) \qquad e = \frac{\sqrt{a^2 + b^2}}{a}$$

Im Unendlichen schmiegt sich die Hyperbel asymptotisch an die Gerade OT an.

3.1.3.2 Die Hyperbel als Bahn im Sonnensystem

Beschränkt man sich auf das reine Zweikörperproblem, dann tritt eine hyperbolische Bahn dann auf, wenn die Bewegungsenergie des umlaufenden Körpers größer ist, als der Betrag, der nötig ist, um das Gravitationsfeld der Sonne zu verlassen. Die höchste bei Kometenbahnen bekannt gewordene Exzentrizität liegt bei $e = 1.006$ (Komet Sandage 1972 IX), was einer nahezu parabolischen Bahn entspricht. In der Tat haben genauere Rechnungen gezeigt, dass alle hyperbolischen Kometenbahnen auf die Störung einer ursprünglich elliptischen oder parabolischen Bahn durch den Einfluss der großen Planeten zurückzuführen sind.

Die Hyperbelbahn ist nicht geschlossen. Im Gegensatz zur Parabelbahn kann die wahre Anomalie aber nicht mehr jeden beliebigen Wert annehmen, sondern maximal so groß werden wie der stumpfe Winkel, unter dem die Asymptote der Hyperbel die Apsidenlinie schneidet ($\cos(v_{max}) = -1/e$).

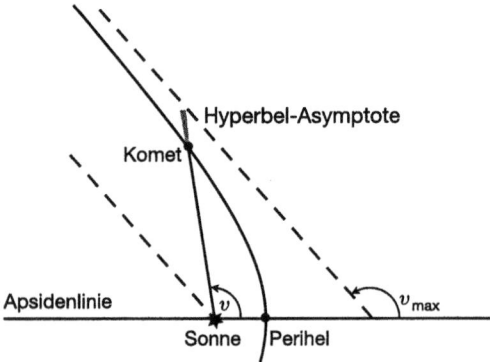

Abb. 3.9: Hyperbel als Bahn im Sonnensystem

Zur Definition einer Hyperbelbahn benötigt man wie bei der Ellipse sieben Bahnelemente. Aus rechnerischen Gründen betrachtet man die große Halbachse als negative Größe, damit der Bahnparameter $p = a(1-e^2)$ positiv bleibt. Anschaulich bezeichnet dann $|a|$ die Strecke OS in Abb. 3.8. Dies bietet den Vorteil, dass man die Formeln für die Bewegung in der Ellipse weiter verwenden kann. Schreibt man die dabei entstehenden komplexen Funktionen auf reelle Größen um, dann erhält man schließlich die Formeln des nächsten Abschnitts.

a	große Halbachse ($a < 0$)
e	Exzentrizität ($e > 1$)
m	Masse des umlaufenden Körpers
t_0	Zeitpunkt des Periheldurchgangs
ω	Winkel zwischen Perihel und aufsteigendem Knoten
Ω	Länge des aufsteigenden Knotens
i	Bahnneigung

Für die im Sonnensystem in Frage kommenden Körper kann die Masse m gleich Null gesetzt werden. Gegenüber der Vernachlässigung von Störungen durch andere Planeten begeht man damit nur einen verschwindend kleinen Fehler. Bei den Lageelementen ist wie üblich auch das Äquinoktium mit anzugeben.

3.1.3.3 Berechnung des Bahnortes

Analog zur mittleren Anomalie der Ellipse berechnet man zuerst die Hilfsgröße M_h.

$$M_h = \sqrt{\frac{G \cdot (M_\odot + m)}{|a|^3}} \cdot (t - t_0)$$

M_h Hilfsgröße (entspricht der mittleren Anomalie)
t_0 Zeitpunkt des Periheldurchgangs
t Berechnungszeitpunkt
a große Halbachse
$M_\odot$ Sonnenmasse
m Masse des umlaufenden Körpers (i.a. $m = 0$)
G Gravitationskonstante
($G = 2.959122083 \cdot 10^{-4} \text{AE}^3 M_\odot^{-1} \text{d}^{-2}$)

Damit lautet die entsprechend modifizierte Keplergleichung:

$$e \cdot \sinh H - H = M_h$$

e Exzentrizität
M_h Hilfsgröße (siehe oben)
H Hilfsgröße (entspricht der exzentrischen Anomalie)

Zur Auflösung der Keplergleichung bedient man sich wieder eines iterativen Verfahrens.

Man setzt z.B. $H_0 = M_h$ und berechnet über

$$H_{i+1} = H_i - \frac{e \cdot \sinh H_i - H_i - M_h}{e \cdot \cosh H_i - 1}$$

so lange verbesserte Werte, bis $|H_{i+1} - H_i| < \varepsilon$, wobei ε etwa gleich 0.0000001 sein sollte.

Besonders bei Exzentrizitäten in der Nähe von Eins und kleinen Werten von M_h ist die Konvergenz mit $H_0 = M_h$ nicht unbedingt gesichert. Man verwendet dann besser:

$$H_0 = \begin{cases} +\sqrt[3]{+6 M_h} & (M_h > 0) \\ -\sqrt[3]{-6 M_h} & (M_h \leq 0) \end{cases}$$

Wahre Anomalie und Radius

Aus der Hilfsgröße H folgen nun unmittelbar die wahre Anomalie und die Entfernung von der Sonne.

$$r \cdot \cos(v) = |a| \cdot (e - \cosh H)$$
$$r \cdot \sin(v) = |a| \cdot \sqrt{e^2-1} \cdot \sinh(H)$$

oder

$$\tan \frac{v}{2} = \sqrt{\frac{e+1}{e-1}} \cdot \tan \frac{H}{2}$$
$$r = |a| \cdot (e \cdot \cosh H - 1)$$

r Entfernung von der Sonne
v wahre Anomalie
H Hilfsgröße (siehe oben)
e Exzentrizität
a große Halbachse

3.1.3.4 Reduktion auf die Ekliptik

Die Berechnung ekliptikaler Koordinaten erfolgt wie bereits bei der elliptischen Bahn beschrieben. Aus der wahren Anomalie und der Entfernung von der Sonne (bzw. aus den Größen $r \cdot \cos(v)$ und $r \cdot \sin(v)$ berechnet man zunächst mit Hilfe der Formeln in Abschn. 1.3.1 die heliozentrischen ekliptikalen Koordinaten des Himmelskörpers. Hieraus folgen dann mit Hilfe der Position der Erde relativ zur Sonne die geozentrischen Koordinaten.

3.1.4 Geradlinige Bahn

Als mehr theoretischer Spezialfall kann im Zweikörperproblem die Bewegung in einer Geraden auftreten. Je nachdem, wie groß die Energie des zweiten Körpers ist, kann man zwischen einer entarteten Ellipse, einer entarteten Parabel oder einer entarteten Hyperbel unterscheiden. Man erhält die Gerade aus dem entsprechenden Kegelschnitt, wenn man die kleine Halbachse bzw. den Bahnparameter gegen Null gehen lässt. Die Exzentrizität nimmt dabei in allen Fällen den Wert Eins an. Durch die Bewegung in der Gerade ist keine Bahnebene mehr definiert. Anstelle der Bahnelemente i, Ω und ω treten zwei Größen, heliozentrische Länge und Breite. Somit verbleiben die Halbachse a (im Falle der elliptischen und der hyperbolischen Gerade), die Masse m des zweiten Körpers und die Perihelzeit t_0, um die Entfernung r vom Zentralkörper zu bestimmen. Unter dem Zeitpunkt des Periheldurchgangs ist dabei der Moment zu verstehen, in dem die gegenseitige Entfernung gleich Null war oder sein wird. Abgesehen von der parabolischen Geraden können die bekannten Formeln für die Berechnung des Bahnortes verwendet werden, wenn man $e = 1$ setzt.

Für die parabolische Gerade erhält man r direkt aus der Zeit t und der Masse m:

$$r = \sqrt[3]{\frac{9}{2} \cdot G \cdot (M_\odot + m) \cdot (t - t_0)^2}$$

$$G = 2.959122083 \cdot 10^{-4} \, \text{AE}^3 \, M_\odot^{-1} \, \text{d}^{-2}$$

t	Berechnungszeitpunkt
t_0	Perihelzeit
m	Masse des Körpers
$M_\odot$	Sonnenmasse
G	Gravitationskonstante
r	Entfernung

Hat man statt der oben genannten Bahnelemente den Ort und die Geschwindigkeit des einen Körpers relativ zum anderen gegeben, dann kann man daraus, wie in 3.3 beschrieben, den Bahntyp und die zugehörigen Elemente bestimmen.

3.1.5 Reihenentwicklungen

Um das bei der strengen Lösung des Zweikörperproblems auftretende Iterationsverfahren zu vermeiden, greift man häufig auf Reihenentwicklungen zurück, die man an geeigneter Stelle abbricht. Besonders häufig verwendet man die im Folgenden vorgestellten Entwicklungen der Mittelpunktsgleichung (vgl. Abb. 3.5) und des Radius nach der mittleren Anomalie. Sie bilden den Ausgangspunkt für Reihenentwicklungen zur Lösung des Mehrkörperproblems der Mond- und Planetenbewegung (vgl. Kap. 4 und 5). Da man bei bekannter Exzentrizität eines Planeten die Faktoren vor den Winkelfunktionen nur einmal berechnen muss, erhält man gegenüber der strengen Lösung wesentlich vereinfachte Ausdrücke.

Konvergenz

Bei den folgenden Reihen handelt es sich um Fourier-Reihen, die nur für periodische – also elliptische – Bahnen definiert sind. Sie konvergieren für $0 \leq e \leq 0.6627$. In der angegebenen Form sollten die Reihen jedoch nur für sehr kleine Exzentrizitäten verwendet werden, da die hier nicht aufgeführten Terme sonst nicht vernachlässigt werden können. In vielen Fällen kann man die Reihen jedoch bereits wesentlich früher abbrechen. Wendet man die Entwicklung der Mittelpunktsgleichung auf die Erdbahn an und setzt alle Glieder, in denen e in höherer als dritter Potenz auftritt, gleich Null, so beträgt der Fehler gegenüber der strengen Lösung weniger als eine Bogensekunde.

3.1.5.1 Entwicklung der Mittelpunktsgleichung nach der mittleren Anomalie

$$(v-M) = [2e - \tfrac{1}{4}e^3 + \tfrac{5}{96}e^5 + \tfrac{107}{4608}e^7 + \ldots] \cdot \sin(M)$$
$$+ [\tfrac{5}{4}e^2 - \tfrac{11}{24}e^4 + \tfrac{17}{192}e^6 - \ldots] \cdot \sin(2M)$$
$$+ [\tfrac{13}{12}e^3 - \tfrac{43}{64}e^5 + \tfrac{95}{512}e^7 - \ldots] \cdot \sin(3M)$$
$$+ [\tfrac{103}{96}e^4 - \tfrac{451}{480}e^6 + \ldots] \cdot \sin(4M)$$
$$+ [\tfrac{1097}{960}e^5 - \tfrac{5957}{4608}e^7 + \ldots] \cdot \sin(5M)$$
$$+ [\tfrac{1223}{960}e^6 - \ldots] \cdot \sin(6M)$$
$$+ [\tfrac{47273}{32256}e^7 - \ldots] \cdot \sin(7M) + \ldots$$

e Exzentrizität
M mittlere Anomalie
v wahre Anomalie

Die Formel liefert in der obigen Form den Wert $(v - M)$ im Bogenmaß. Durch Multiplikation mit $180°/\pi$ erhält man den Wert im Gradmaß.

3.1.5.2 Entwicklung des Radius nach der mittleren Anomalie

$$\frac{r}{a} = [1 + \tfrac{1}{2}e^2]$$
$$- [e - \tfrac{3}{8}e^3 + \tfrac{5}{192}e^5 - \tfrac{7}{9216}e^7 + \ldots] \cdot \cos(M)$$
$$- [\tfrac{1}{2}e^2 - \tfrac{1}{3}e^4 + \tfrac{1}{16}e^6 - \ldots] \cdot \cos(2M)$$
$$- [\tfrac{3}{8}e^3 - \tfrac{45}{128}e^5 + \tfrac{567}{5120}e^7 - \ldots] \cdot \cos(3M)$$
$$- [\tfrac{1}{3}e^4 - \tfrac{2}{5}e^6 + \ldots] \cdot \cos(4M)$$
$$- [\tfrac{125}{384}e^5 - \tfrac{4375}{9216}e^7 + \ldots] \cdot \cos(5M)$$
$$- [\tfrac{27}{80}e^6 - \ldots] \cdot \cos(6M)$$
$$- [\tfrac{16807}{46080}e^7 - \ldots] \cdot \cos(7M) - \ldots$$

e Exzentrizität
M mittlere Anomalie
a große Halbachse
r Entfernung

3.2 Die zeitliche Änderung des Ortes im Zweikörperproblem

Mit den in diesem Abschnitt behandelten Formeln lassen sich zusätzlich zum Ort eines Planeten auch seine Geschwindigkeit und seine Winkelgeschwindigkeit bestimmen. Bezugspunkt ist dabei immer der Sonnenmittelpunkt und nicht der Schwerpunkt. Zwischen den gebräulichen Einheiten der Geschwindigkeit gelten die Umrechnungen:

$$1\,\text{AE/d} = 1731.456829\,\text{km/s}$$
$$1\,\text{km/s} = 0.00057754833\,\text{AE/d}$$

3.2.1 Winkelgeschwindigkeit

Aus der Konstanz der Flächengeschwindigkeit (2. Keplersches Gesetz) ergibt sich bei bekannter Entfernung für die zeitliche Änderung der wahren Anomalie:

$$\dot{v} = \frac{1}{r^2} \cdot \sqrt{G \cdot (M_\odot + m) \cdot p}$$

$$G = 2.959122083 \cdot 10^{-4}\,\text{AE}^3 M_\odot^{-1} \text{d}^{-2}$$

- $\dot{v}$ Winkelgeschwindigkeit (Änderung der wahren Anomalie; Bogenmaß)
- $M_\odot$ Sonnenmasse
- m umlaufende Masse
- p Bahnparameter
- r Sonnenentfernung
- G Gravitationskonstante

3.2.2 Vis-viva-Satz

Führt man in den Energiesatz bezogen auf den Schwerpunkt von Sonne und Planet die relative Entfernung ein, dann erhält man die folgende Beziehung zwischen Bahngeschwindigkeit, Entfernung und großer Halbachse:

$$v^2 = G \cdot (M_\odot + m) \cdot \left(\frac{2}{r} - \frac{1}{a}\right)$$

$$G = 2.959122083 \cdot 10^{-4}\,\text{AE}^3 M_\odot^{-1} \text{d}^{-2}$$

- v Geschwindigkeit
- r Entfernung
- a große Halbachse
- $M_\odot$ Sonnenmasse
- m umlaufende Masse
- G Gravitationskonstante

Für parabolische Bahnen ist $1/a$ gleich Null zu setzen.

3.2.3 Geschwindigkeitsvektor

Ist man über den reinen Betrag der Geschwindigkeit hinaus auch an Richtung interessiert, kann man unabhängig von der jeweiligen Bahnform die folgenden Formeln verwenden:

$$\begin{pmatrix} \dot{x} \\ \dot{y} \\ \dot{z} \end{pmatrix} = \sqrt{\frac{G \cdot (M_\odot + m)}{p}} \left(-\sin(v) \cdot \boldsymbol{P} + (\cos(v) + e) \cdot \boldsymbol{Q} \right)$$

$\dot{x}, \dot{y}, \dot{z}$ Komponenten der heliozentrischen Geschwindigkeit
$\boldsymbol{P}, \boldsymbol{Q}$ Gaußsche Vektoren (siehe S. 12)
v wahre Anomalie
e Exzentrizität
m Masse des Körpers
$M_\odot$ Sonnenmasse
G Gravitationskonstante
 $(G = 2.959122083 \cdot 10^{-4} \mathrm{AE}^3 M_\odot^{-1} \mathrm{d}^{-2})$

Die Komponenten $\dot{x}$, $\dot{y}$ und $\dot{z}$ des Geschwindigkeitsvektors beziehen sich auf das selbe Koordinatensystem wie die Gaußschen Vektoren bzw. die zugrundeliegenden Bahnelemente i, ω und Ω, also insbesondere auf das selbe Äquinoktium.

Für geradlinige Bahnen ($p = 0$) sind die obigen Formeln nicht definiert. Der Betrag der Geschwindigkeit kann aber nach wie vor über den vis-viva-Satz bestimmt werden (vgl. 3.2.2).

3.3 Bestimmung der Bahnelemente aus Ort und Geschwindigkeit

Im ersten Teil dieses Kapitels wurde gezeigt, wie sich jede mögliche Bahn im Zweikörperproblem durch sieben Bahnelemente beschreiben lässt. Der Vorteil der dort verwendeten Größen (a, e, m, t_0, i, ω, Ω) liegt in der Möglichkeit, mit einem Blick Bahngröße, Bahnform und Bahnlage zu erkennen. Dem gegenüber steht der Nachteil, dass die Formeln zur Berechnung des Bahnortes vom Bahntyp abhängen und nicht unmittelbar auf mehrere Körper übertragbar sind. Besonders für numerische Verfahren ist deshalb die Verwendung kartesischer Orts- und Geschwindigkeitskoordinaten angebrachter.

Hat ein Körper gegebener Masse m in einem Punkt r seiner Bahn die Geschwindigkeit v, dann gibt es dazu genau einen Satz von sieben klassischen Bahnelementen, der die Bewegung des Körpers in diesem Punkt nach dem Zweikörperproblem beschreibt. Falls man es mit einer ungestörten Bahn zu tun hat, dann lässt sich diese für alle Zeit durch die obigen Elemente darstellen. Im Mehrkörperproblem hingegen ändern sich die zugeordneten Bahnelemente ständig. Man spricht dann von oskulierenden Elementen (vgl. Anhang A.8).

In diesem Abschnitt soll nun gezeigt werden, wie sich aus dem Orts- und Geschwindigkeitsvektor die zugehörigen klassischen Bahnelemente bestimmen lassen. Dabei sind folgende Punkte zu beachten:

- Ursprung des Koordinatensystems ist die Sonne, nicht der Schwerpunkt des Systems Sonne–Planet.

- Die errechneten Bahnelemente beziehen sich auf die selbe Grundebene und Bezugsrichtung wie die kartesischen Koordinaten, insbesondere auf das selbe Äquinoktium. Die in der Literatur häufig anzutreffenden äquatorialen Koordinaten sind deshalb gegebenenfalls auf ekliptikale umzurechnen, falls man an den üblichen Bahnelementen interessiert ist.

Im Folgenden bezeichne G die Gravitationskonstante, (x, y, z) seien die Koordinaten des Ortsvektors und $(\dot{x}, \dot{y}, \dot{z})$ die Koordinaten des Geschwindigkeitsvektors. r und v seien die Beträge dieser Vektoren.

$$G = 2.959122083 \cdot 10^{-4} \text{AE}^3 M_\odot^{-1} \text{d}^{-2}$$
$$r = \sqrt{x^2 + y^2 + z^2}$$
$$v = \sqrt{\dot{x}^2 + \dot{y}^2 + \dot{z}^2}$$

3.3.1 Die Lage der Bahnebene

Die Bahnebene ist die Ebene, die durch den Ortsvektor (r) und den Geschwindigkeitsvektor (v) aufgespannt wird (Abb. 3.10). Senkrecht auf dieser Ebene steht der Vektor der Flächengeschwindigkeit (c), dessen Betrag ein Maß für die pro Zeiteinheit vom Ortsvektor überstrichene Fläche darstellt (vgl. Abb. A.7).

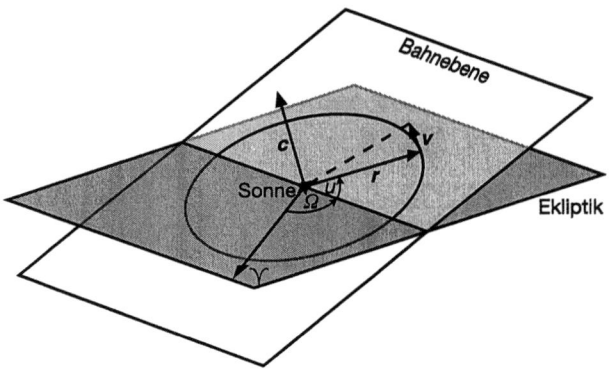

Abb. 3.10: Die Festlegung der Bahnebene

In kartesischen Koordinaten errechnet sich c wie folgt:

$$c = \begin{pmatrix} c_x \\ c_y \\ c_z \end{pmatrix} = r \times v = \begin{pmatrix} y \cdot \dot{z} - z \cdot \dot{y} \\ z \cdot \dot{x} - x \cdot \dot{z} \\ x \cdot \dot{y} - y \cdot \dot{x} \end{pmatrix}$$

$$c = |c| = \sqrt{c_x^2 + c_y^2 + c_z^2}$$

c Vektor der Flächengeschwindigkeit
c_x, c_y, c_z Komponenten von c
c Betrag von c

Der Fall $c = 0$ tritt auf, wenn r und v parallel zueinander liegen, das heißt, wenn der Körper sich auf einer Geraden durch die Sonne bewegt. Damit gibt es keine eindeutig definierte Bahnebene mehr, so dass die folgenden Rechnungen übergangen werden können.

3.3 Bestimmung der Bahnelemente aus Ort und Geschwindigkeit

Für $c \neq 0$ lassen sich nun die Bahnelemente i und Ω bestimmen:

$\sin(i)\cdot\sin(\Omega) = +c_x/c$ i Neigung der Bahnebene
$\sin(i)\cdot\cos(\Omega) = -c_y/c$ Ω Länge des aufsteigenden Knotens
$\cos(i) = +c_z/c$ $\mathbf{c}$ Vektor der Flächengeschwindigkeit

Diese Gleichungen lassen sich wie in Abschn. 1.1 beschrieben nach i und Ω auflösen, wenn man die folgende Substitution durchführt:

$$d = 90° - i \qquad \cos i = \sin d \qquad \sin i = \cos d \quad .$$

Als nächste Größe erhält man nun das Argument der Breite u, das den Winkel zwischen dem Ortsvektor und der Richtung zum aufsteigenden Knoten angibt.

$$\cos u = \frac{1}{r} \cdot (x \cdot \cos \Omega + y \cdot \sin \Omega)$$
$$\sin u = \frac{1}{r} \cdot \frac{z}{\sin i}$$

u Argument der Breite
Ω Länge des aufsteigenden Knotens
i Bahnneigung

Nach der Bestimmung der wahren Anomalie erhält man daraus später die Länge des Perihels.

3.3.2 Die Bahnform

Die große Halbachse der Bahn hängt von der Gesamtenergie der Bewegung ab. Sie lässt sich aus dem vis-viva-Satz bestimmen.

$$\frac{1}{a} = \frac{2}{r} - \frac{v^2}{G \cdot (M_\odot + m)}$$

a große Halbachse
$M_\odot$ Sonnenmasse
m umlaufende Masse
G Gravitationskonstante

Aus dem Wert von $1/a$ lässt sich der Bahntyp identifizieren:
    Ellipse: $1/a > 0$
    Parabel: $1/a = 0$
    Hyperbel: $1/a < 0$.

Im Falle einer elliptischen oder hyperbolischen Bahn benötigt man nun die Exzentrizität, im Falle einer parabolischen Bahn den Perihelabstand. Beide Größen lassen sich aus dem Bahnparameter ableiten, der in direktem Zusammenhang mit der zuvor eingeführten Flächengeschwindigkeit steht.

$$p = \frac{c^2}{G \cdot (M_\odot + m)}$$

p Bahnparameter
c Flächengeschwindigkeit
$M_\odot$ Sonnenmasse
m umlaufende Masse
G Gravitationskonstante

Damit wird

$$e = \sqrt{1 - \frac{p}{a}}$$

e Exzentrizität
p Bahnparameter
a große Halbachse

und

$$q = \frac{p}{1+e}$$

q Perihelabstand
p Bahnparameter
e Exzentrizität

Während die Periheldistanz als Bahnelement eigentlich nur für parabolische Bahnen eingeführt wurde, empfiehlt es sich, sie auch dann zu bestimmen, wenn die Exzentrizität nahe bei eins liegt. In diesem Fall wird $(1/a)$ zu einer sehr kleinen Größe, die die Bahn nur noch ungenügend charakterisiert. Besonders in der Nähe des Perihels lassen sich solche Bahnen gut durch entsprechende Parabelbahnen beschreiben. Für geradlinige Bahnen wird immer $e = 1$ und $q = 0$.

3.3.3 Perihellänge

Da das Argument der Breite u bereits aus Abschn. 3.3.1 bekannt ist, fehlt zur Berechnung der Lage des Perihels nur noch die wahre Anomalie. Im Falle der geradlinigen Bewegung nimmt die wahre Anomalie ständig den Wert $-180°$ oder $+180°$ an, je nachdem ob die Bewegung auf den Zentralkörper zu oder von ihm weg erfolgt. Man hat dann nur die für später benötigte exzentrische Anomalie oder die entsprechende Größe H zu berechnen, falls es sich um eine elliptische oder hyperbolische Gerade handelt.

Ellipse

Zuerst wird die exzentrische Anomalie bestimmt:

$$\cos(E) = \frac{1}{e} \cdot \left(1 - \frac{r}{a}\right)$$

$$\sin(E) = \frac{1}{e} \cdot \frac{1}{\sqrt{a \cdot G(M_\odot + m)}} \cdot (x \cdot \dot{x} + y \cdot \dot{y} + z \cdot \dot{z})$$

E exzentrische Anomalie
e Exzentrizität
a große Halbachse
$M_\odot$ Sonnenmasse
m umlaufende Masse
G Gravitationskonstante

Daraus folgt über die bekannte Formel die wahre Anomalie:

$$\tan\frac{v}{2} = \sqrt{\frac{1+e}{1-e}} \cdot \tan\frac{E}{2}$$

v wahre Anomalie
e Exzentrizität
E exzentrische Anomalie

Parabel

Für Parabelbahnen gilt entsprechend:

$$\tan\frac{v}{2} = \frac{1}{\sqrt{2q \cdot G(M_\odot + m)}} \cdot (x \cdot \dot{x} + y \cdot \dot{y} + z \cdot \dot{z})$$

v wahre Anomalie
q Perihelabstand
$M_\odot$ Sonnenmasse
m umlaufende Masse
G Gravitationskonstante

Hyperbel

In Analogie zur elliptischen Bahn wird zuerst die Hilfsgröße H berechnet. Da $\sinh(H)$ eindeutig nach H aufgelöst werden kann, ist es nicht unbedingt nötig, auch $\cosh(H)$ zu bestimmen.

$$\cosh(H) = \frac{1}{e} \cdot \left(1 - \frac{r}{a}\right)$$

$$\sinh(H) = \frac{1}{e} \cdot \frac{1}{\sqrt{|a| \cdot G \cdot (M_\odot + m)}} \cdot (x \cdot \dot{x} + y \cdot \dot{y} + z \cdot \dot{z})$$

H Hilfsgröße
e Exzentrizität
a große Halbachse
$M_\odot$ Sonnenmasse
m umlaufende Masse
G Gravitationskonstante

Die wahre Anomalie erhält man daraus über die bekannte Formel:

$$\tan\frac{v}{2} = \sqrt{\frac{e+1}{e-1}} \cdot \tanh\frac{H}{2}$$

v wahre Anomalie
e Exzentrizität
H Hilfsgröße

Nachdem somit für jeden Bahntyp die wahre Anomalie bestimmt werden kann, ist der nächste Schritt die Berechnung der Perihellänge:

$$\omega = u - v$$
$$\varpi = \omega + \Omega$$

ω Argument des Perihels
u Argument der Breite
v wahre Anomalie
Ω Länge des aufsteigenden Knoten
ϖ Länge des Perihel

3.3.4 Perihelzeit

Als sechstes und letztes Bahnelement soll nun der Zeitpunkt des Periheldurchgangs errechnet werden (das siebte Bahnelement ist die Masse m, die in beiden Systemen verwendet wird). Abgesehen von der parabolischen Geraden können die folgenden Formeln sowohl für nicht entartete als auch für entartete (geradlinige) Bahnen verwendet werden.

Ellipse

Mit den bekannten Größen mittlere Anomalie und mittlere tägliche Bewegung bestimmt sich die Perihelzeit für elliptische Bahnen wie folgt:

$M = E - e \cdot \sin(E)$ (Bogenmaß)

$M = E - \dfrac{180°}{\pi} \cdot e \cdot \sin(E)$ (Gradmaß)

M mittlere Anomalie
E exzentrische Anomalie
e Exzentrizität

$n = \dfrac{180°}{\pi} \cdot \sqrt{\dfrac{G(M_\odot + m)}{a^3}} \cdot 1^d$

(Gradmaß)

n mittlere tägliche Bewegung
a große Halbachse
$M_\odot$ Sonnenmasse
m umlaufende Masse
G Gravitationskonstante

$t_0 = t - \dfrac{M}{n} \cdot 1^d$

t_0 Perihelzeit
t Berechnungszeitpunkt
M mittlere Anomalie
n mittlere tägliche Bewegung

Parabel

Für die nicht entartete Parabel ($q \neq 0$) erhält man den Zeitpunkt des Periheldurchgangs durch Auflösung der Barkerschen Gleichung:

$$t_0 = t - \sqrt{\dfrac{2q^3}{G(M_\odot + m)}} \cdot \left(\dfrac{1}{3} \cdot \tan^3 \dfrac{v}{2} + \tan \dfrac{v}{2} \right)$$

t_0 Zeitpunkt des Periheldurchgangs
t Berechnungszeitpunkt
v wahre Anomalie
q Perihelabstand
$M_\odot$ Sonnenmasse
m umlaufende Masse
G Gravitationskonstante

Für geradlinige Parabelbahnen gilt die abgewandelte Formel:

$$t - t_0 = \pm\sqrt{\frac{2}{9} \cdot \frac{r^3}{G(M_\odot + m)}}$$

t_0 Perihelzeit
t Berechnungszeitpunkt
$M_\odot$ Sonnenmasse
m umlaufende Masse
G Gravitationskonstante

Die positive Wurzel ist zu wählen, falls sich m von M weg bewegt, also falls v und r gleichsinnig parallel sind. Das negative Vorzeichen gilt entsprechend, wenn v und r gegensinnig parallel sind.

Hyperbel

Der Rechengang für die Hyperbel entspricht wieder im Wesentlichen dem der Ellipse. Zu einem Ausdruck zusammengefasst erhält man für die Perihelzeit das Ergebnis:

$$t_0 = t - \sqrt{\frac{|a^3|}{G(M_\odot + m)}} \cdot (e \cdot \sinh(H) - H)$$

t_0 Zeitpunkt des Periheldurchgangs
t Berechnungszeitpunkt
H Hilfsgröße
a große Halbachse
e Exzentrizität
$M_\odot$ Sonnenmasse
m umlaufende Masse
G Gravitationskonstante

Rechenbeispiele zu Kapitel 3

Die Nummern der einzelnen Beispiele beziehen sich auf die entsprechenden Abschnitte des Kapitels.

Zu 3.1.1.4: Elliptische Bahn

Man bestimme die wahre Anomalie und die Sonnenentfernung des Jupiter am 25. März 1982 0^h00^m UT (JD 2 445 053.5) unter Verwendung folgender Bahnelemente:

$$a = 5.204491 \, \text{AE} \qquad e = 0.047837 \qquad M = 199°\!.7855 \quad .$$

Die iterative Auflösung der Keplergleichung liefert bei Rechnung im Gradmaß:

	Fixpunkt-iteration	Newton-iteration
E_0	199°.785500	199°.785500
E_1	198°.857720	198°.897683
E_2	198°.899602	198°.897788
E_3	198°.897706	198°.897788
E_4	198°.897792	
E_5	198°.897788	
E_6	198°.897788	

$$r \cdot \cos(v) = -5.172925 \, \text{AE} \qquad r = 5.440038 \, \text{AE}$$
$$r \cdot \sin(v) = -1.683705 \, \text{AE} \qquad v = 198°\!.0293 \quad .$$

Zu 3.1.2.4: Parabolische Bahn

Man bestimme die wahre Anomalie und die Sonnenentfernung des Kometen Kohoutek am 1. Februar 1974 0^h00^m UT (JD 2 442 079.5) aus den folgenden Bahnelementen:

$$t_0 = 1973 \, \text{Dez.} \, 28.431 \, (\text{JD} \, 2\,442\,044.931)$$
$$q = 0.142425 \, \text{AE}$$
$$e = 1$$
$$t - t_0 = 34^d\!.569 \quad .$$

Setzt man $m = 0$, dann folgt $A = 11.734516$ und weiter

$$\tan(v/2) = 2.515732 \qquad v = 136°\!.6445 \qquad r = 1.043820 \, \text{AE} \quad .$$

Zu 3.1.3.3: Hyperbolische Bahn

Man bestimme die wahre Anomalie und die Sonnenentfernung des Kometen Sandage am 5. August 1972 $0^\mathrm{h}00^\mathrm{m}$UT (JD 2 441 534.5) aus den Bahnelementen:

t_0 = 1972 Nov. 14.809 (JD 2 441 636.309)
q = 4.275707 AE
e = 1.006288
m = 0

Man erhält:

a = $q/(1-e)$ = -679.9788 AE
$t-t_0$ = $-101\overset{\mathrm{d}}{.}809$
M_h = -0.0000987697

H_0 = -0.0839959
H_1 = -0.0156063
H_2 = -0.0156063

$r\cdot\cos(v)$ = $+4.192898$ AE r = 4.359036 AE
$r\cdot\sin(v)$ = -1.191970 AE v = $-15\overset{\circ}{.}8696$.

Zu 3.1.5: Reihenentwicklung

Die mittleren Bahnelemente der Sonne bezogen auf den Frühlingspunkt und die Ekliptik des Datums lauten (vgl. Anhang A.7):

e = 0.016709
ϖ = $282\overset{\circ}{.}9400 + 1\overset{\circ}{.}7192 \cdot T$
M = $357\overset{\circ}{.}5256 + 35999\overset{\circ}{.}0498 \cdot T$

mit $T = (\mathrm{JD} - 2451545.0)/36525$. Man verwende die Reihenentwicklung der Mittelpunktsgleichung, um eine einfache Formel für die ekliptikale Länge der Sonne aufzustellen (Genauigkeit ca. $1' = 0\overset{\circ}{.}017 = 0.00029$ rad).

Wegen $e^3 = 0.0000047$ rad können alle Terme mit höheren als zweiten Potenzen in e sicher vernachlässigt werden und man erhält bei Rechnung im Bogenmaß

$$v - M = 0.03342 \cdot \sin(M) + 0.00035 \cdot \sin(2M) \quad .$$

Für die ekliptikale Länge der Sonne bezogen auf den Frühlingspunkt des Datums ergibt sich damit der folgende Ausdruck:

$$\lambda = \varpi + M + 1\overset{\circ}{.}915 \cdot \sin(M) + 0\overset{\circ}{.}020 \cdot \sin(2M) \quad .$$

Zu 3.2.1: Winkelgeschwindigkeit

Man bestimme die größte und kleinste tägliche Bewegung der Sonne in der Ekliptik ($a = 1$ AE, $e = 0.0167$, $m_\oplus = 0$).

$$r_{max} = a(1+e) = 1.0167 \text{ AE}$$
$$r_{min} = a(1-e) = 0.9833 \text{ AE}$$
$$p = a(1-e^2) = 0.9997 \text{ AE}$$

$$\dot{v}_{max} = 0.01779 \text{ rad/d} = 1°\!\!.02/\text{d}$$
$$\dot{v}_{min} = 0.01664 \text{ rad/d} = 0°\!\!.95/\text{d}$$

Die Sonne schreitet im Winter (Perihel) also um bis zu $0°\!\!.07$ pro Tag schneller voran als im Sommer (Aphel).

Zu 3.2.2: Vis-viva-Satz

Man bestimme die maximale und die minimale Geschwindigkeit der Erde auf ihrer Bahn um die Sonne ($a = 1$ AE, $m_\oplus = 0$, $r_{max} = 1.0167$ AE, $r_{min} = 0.9833$ AE).

$$v_{max}^2 = 0.000306 \text{ AE}^2/\text{d}^2 \qquad v_{max} = 0.0175 \text{ AE/d} = 30.3 \text{ km/s}$$
$$v_{max}^2 = 0.000286 \text{ AE}^2/\text{d}^2 \qquad v_{min} = 0.0169 \text{ AE/d} = 29.3 \text{ km/s}$$

Zu 3.2.2: Geschwindigkeitsvektor

Man bestimme die Geschwindigkeit der Erde im Perihel in ekliptikalen Koordinaten unter Verwendung der Bahnelemente $a = 1$ AE, $e = 0.0167$, $m_\oplus = 0$, $M = v = 0°$, $\omega = 102°\!\!.63$, $\Omega = i = 0°$.

$$p = a(1-e^2) = 0.9997 \text{ AE}$$

$$\dot{x} = (0.01720 \text{ AE/d})(-0.99210) = -29.6 \text{ km/s}$$
$$\dot{y} = (0.01720 \text{ AE/d})(-0.22231) = -6.6 \text{ km/s}$$
$$\dot{z} = (0.01720 \text{ AE/d})(+0.00000) = +0.0 \text{ km/s}$$

Zu 3.3: Bestimmung der Bahnelemente

Man bestimme die oskulierenden Bahnelemente der Plutobahn aus den ekliptikalen heliozentrischen Orts- und Geschwindigkeitskoordinaten:

$x = -26.06710 \text{ AE}$ $\quad \dot{x} = +0.001633041 \text{ AE/d}$
$y = -11.92126 \text{ AE}$ $\quad \dot{y} = -0.003103617 \text{ AE/d}$
$z = +8.80594 \text{ AE}$ $\quad \dot{z} = -0.000152622 \text{ AE/d}$

Die Plutomasse kann gegen die Sonnenmasse vernachlässigt werden.

Position und Geschwindigkeit

$r = 29.98591 \text{ AE} \quad v = 0.003510349 \text{ AE/d}$

Bahnebene

$c_x = +0.029149711 \text{ AE}^2/\text{d}$
$c_y = +0.010402041 \text{ AE}^2/\text{d}$
$c_z = +0.100370191 \text{ AE}^2/\text{d}$
$c \ = \ 0.105033724 \text{ AE}^2/\text{d}$

$i = 17°\!.13764 \quad \Omega = 109°\!.6389$

$\cos u = -0.082268 \quad u = 94°\!.71895$
$\sin u = +0.996610$

Bahnform

$1/a = 0.025055400/\text{AE}$ $\quad$ (Ellipse)
$a \ \ = 39.91156 \text{ AE}$
$p \ \ = 37.28161 \text{ AE}$
$e \ \ = 0.256699$

Perihellänge

$e \cdot \cos(E) = +0.248691 \quad E = 345°\!.65100$
$e \cdot \sin(E) = -0.063617$

$v = 341°\!.40915$

$\omega = 113°\!.30980 \quad \varpi = 222°\!.9487$

Mittlere Anomalie und tägliche Bewegung

$M = 349°\!.29600$
$n \ = 0°\!.0039089$

4 Das Mehrkörperproblem

Betrachtet man n punktförmige Massen m_i ($i = 1, \ldots, n$) an den Orten $\boldsymbol{x}_i$, die sich unter dem Einfluss der gegenseitigen Gravitationskräfte bewegen, dann ergeben sich die folgenden Bewegungsgleichungen:

$$\ddot{\boldsymbol{x}}_i = \sum_{j=1, j \neq 1}^{n} G \cdot m_j \cdot \frac{\boldsymbol{x}_j - \boldsymbol{x}_i}{|\boldsymbol{x}_j - \boldsymbol{x}_i|^3} \qquad i = 1, \ldots, n$$

Man hat also insgesamt ein System von ($3n$) Differentialgleichungen zweiter Ordnung zu lösen, was zusammen ($6n$) Integrationen erfordert. Zehn Integrale davon erhält man in Form des Energiesatzes (1 Integral), des Impulssatzes (6) und des Drehimpulssatzes (3 Integrale). Im Falle des reinen Zweikörperproblems erhält man als elftes Integral die Kegelschnittgleichung (die Bahnform) und als zwölftes Integral die Keplergleichung, die den Zusammenhang zwischen der Zeit und dem Ort in der Bahn darstellt. Für das allgemeine n-Körperproblem sind bisher keine ähnlichen Lösungen in geschlossener Form gefunden worden.

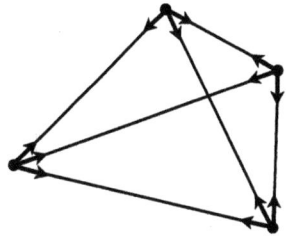

Abb. 4.1: Die Gravitationskraft zwischen je zwei Körpern wirkt auf die Verbindungslinie dieser Massen

In den beiden folgenden Paragraphen werden zwei verschiedene Wege – analytische und numerische – erläutert, auf denen man das Mehrkörperproblem speziell in seiner Anwendung auf das Planetensystem in sehr guter Näherung behandeln kann.

4.1 Analytische Methoden

4.1.1 Grundlagen

Ausgangspunkt ist hier im Allgemeinen das so genannte eingeschränkte Dreikörperproblem. Darin wird untersucht, wie sich eine vergleichsweise kleine Masse m im Gravitationsfeld zweier Massen M und m' bewegt, deren Bahnen man in erster Näherung als von m ungestörte Keplerbahnen betrachtet. Ist m' selbst klein gegen M, dann kann auch die Bahn von m vorerst als Ellipse um M betrachtet werden. Im Sonnensystem ist diese Annahme in vielen Fällen erfüllt. Die Erde zum Beispiel bewegt sich unter dem Einfluss von Jupiter in einer leicht gestörten Ellipsenbahn um die Sonne, wohingegen man die Störungen der Jupiterbahn durch die Erde erst in sehr genauen Theorien berücksichtigen muss.

Die Bewegungsgleichungen lassen sich dann in Terme zerlegen, die die ungestörte Zweikörperbewegung von m um M ergäben und in die Störungsterme, die für die Abweichungen davon verantwortlich sind. Da die ungestörten Koordinaten von m und m' über Reihenentwicklungen nach den mittleren Anomalien und den Exzentrizitäten der beiden Planeten dargestellt werden können (vgl. 3.1.5), kann man auch die Störungsfunktion, die von der gegenseitigen Stellung von m und m' abhängt, durch eine Reihe darstellen. Streng genommen müsste man die Störungsfunktion natürlich aus den tatsächlichen, das heißt gestörten Koordinaten berechnen. Der Fehler, den man dadurch begeht, kann aber vorerst vernachlässigt werden. Formt man nun die Bewegungsgleichungen um und setzt man darin die Reihenentwicklung der Störungsfunktion ein, dann erhält man schließlich durch vergleichsweise einfache Integrationen Formeln für die Abweichung der wahren von der mittleren Bahn.

Theorien höherer Ordnung gehen von diesen Bahnen aus, um die Störungsfunktion genauer zu berechnen und entsprechend verbesserte Bahnen zu erhalten. Eines der wichtigsten Ergebnisse solcher analytischer Theorien ist, dass die großen Halbachsen und die Exzentrizitäten der Planetenbahnen im Sonnensystem über sehr lange Zeiträume gesichert nur um einen Mittelwert schwanken, ohne sich systematisch zu vergrößern oder zu verkleinern. Damit ist gewährleistet, dass die Anordnung der Planeten stabil ist und dass keine Zusammenstöße zwischen den Planeten auftreten können. Die restlichen Bahnelemente, die die Lage der Bahn im Raum bestimmen, erfahren dagegen sowohl periodische als auch säkulare (langfristige) Störungen. Von besonderem historischen Intresse war die von Leverrier berechnete Periheldrehung des Merkur von $530''$ pro Jahrhundert, die um etwa $43''$ von dem Wert abwich, der für eine genaue Anpassung an die beobachteten Orte nötig war. Der damals schwer verständliche Unterschied konnte erst durch die Allgemeine Relativitätstheorie befriedigend erklärt werden.

4.1.2 Die Newcombsche Sonnentheorie

Für eine Reihe von Anwendungen ist es erstrebenswert, eine genauere Position der Erde oder Sonne zu berechnen, als dies mit den im Anhang gegebenen Bahnelementen nach dem Zweikörperproblem möglich ist. Dazu gehört etwa die Bahnbestimmung, aber auch die Bestimmung einer geozentrischen Ephemeride, in die die Ungenauigkeit der berechneten Erdbahn direkt eingeht. Für diese und ähnliche Anwendungen folgt hier eine gekürzte und aktualisierte Version der von Simon Newcomb entwickelten Theorie der scheinbaren Sonnenbewegung. Es handelt sich dabei um eine Entwicklung der Abweichungen der Erdbahn von einer ungestörten Keplerbahn, die in der oben beschriebenen Weise gewonnen wurde.

Bezeichnungen

T	Julianische Jahrhunderte seit J2000 $T = (\mathrm{JD(TT)} - 2451545.0)/36525$
ΔL_p	langperiodische Störung der mittleren Länge und der mittleren Anomalie der Sonne
L_0	mittlere Länge der Sonne
G	mittlere Anomalie der Sonne
G_2	mittlere Anomalie Venus
G_4	mittlere Anomalie Mars
G_5	mittlere Anomalie Jupiter
G_6	mittlere Anomalie Saturn
D	mittlerer Winkelabstand des Mondes von der Sonne (mittlere Mondlänge – mittlere Sonnenlänge)
A	mittlere Anomalie des Mondes
U	mittleres Argument der Breite des Mondes (Abstand vom Mondknoten)
ΔL	Differenz zwischen wahrer und mittlerer Sonnenlänge nach dem Zweikörperproblem (Mittelpunktsgleichung)
ΔL_2	Längenstörung durch Venus
ΔL_4	Längenstörung durch Mars
ΔL_5	Längenstörung durch Jupiter
ΔL_6	Längenstörung durch Saturn
ΔL_M	Längenstörung durch den Mond
L	wahre Länge der Sonne, bezogen auf den mittleren Frühlingspunkt und die mittlere Ekliptik des Datums
R_0	dekadischer Logarithmus des Radius in AE nach dem Zweikörperproblem
ΔR_2	Störung in $\log R$ durch Venus
ΔR_4	Störung in $\log R$ durch Mars
ΔR_5	Störung in $\log R$ durch Jupiter
ΔR_6	Störung in $\log R$ durch Saturn
ΔR_M	Störung in $\log R$ durch den Mond
R	Radius in Astronomischen Einheiten
B	Breite der Sonne, bezogen auf den mittleren Frühlingspunkt und die mittlere Ekliptik des Datums

4.1.2.1 Die mittleren Längen

$$\Delta L_p = (1\overset{''}{.}866 - 0\overset{''}{.}016 \cdot T) \cdot \sin(207\overset{\circ}{.}51 + 150\overset{\circ}{.}27 \cdot T)$$
$$+ 6\overset{''}{.}400 \cdot \sin(251\overset{\circ}{.}39 + 20\overset{\circ}{.}20 \cdot T)$$
$$+ 0\overset{''}{.}266 \cdot \sin(150\overset{\circ}{.}80 + 119\overset{\circ}{.}00 \cdot T)$$

$$L_0 = 280\overset{\circ}{.}465905 + 36000\overset{\circ}{} \cdot T + 2770\overset{''}{.}308 \cdot T + 1\overset{''}{.}089 \cdot T^2$$
$$+ 0\overset{''}{.}202 \cdot \sin(128\overset{\circ}{.}9 + 893\overset{\circ}{.}3 \cdot T) + \Delta L_p$$

$$G = 357\overset{\circ}{.}525433 + 35999\overset{\circ}{} \cdot T + 178\overset{''}{.}02 \cdot T - 0\overset{''}{.}54 \cdot T^2 + \Delta L_p$$

$$G_2 = 49\overset{\circ}{.}943 + 58517\overset{\circ}{.}493 \cdot T$$
$$G_4 = 19\overset{\circ}{.}557 + 19139\overset{\circ}{.}977 \cdot T$$
$$G_5 = 19\overset{\circ}{.}863 + 3034\overset{\circ}{.}583 \cdot T + 1300'' \cdot \sin(173\overset{\circ}{.}58 + 39\overset{\circ}{.}80 \cdot T)$$
$$G_6 = 317\overset{\circ}{.}394 + 1221\overset{\circ}{.}794 \cdot T$$

$$D = 297\overset{\circ}{.}852 + 445267\overset{\circ}{.}114 \cdot T$$
$$A = 134\overset{\circ}{.}954 + 477198\overset{\circ}{.}849 \cdot T$$
$$U = 93\overset{\circ}{.}276 + 483202\overset{\circ}{.}025 \cdot T$$

4.1.2.2 Terme der Zweikörperbewegung

$$\Delta L = (6892\overset{''}{.}817 - 17\overset{''}{.}240 \cdot T) \cdot \sin(G)$$
$$+ (\ 71\overset{''}{.}977 - 0\overset{''}{.}361 \cdot T) \cdot \sin(2G)$$
$$+ (\ 1\overset{''}{.}054 \qquad\qquad) \cdot \sin(3G)$$

$$R_0 = (+0.00003042 - 0.00000015 \cdot T)$$
$$+ (-0.00725598 + 0.00001814 \cdot T) \cdot \cos(G)$$
$$+ (-0.00009092 + 0.00000046 \cdot T) \cdot \cos(2G)$$
$$+ (-0.00000145 \qquad\qquad) \cdot \cos(3G)$$

Terme kleiner als $0\overset{''}{.}1$ oder 0.00000010 sind darin vernachlässigt.

4.1.2.3 Störungen in Länge

$$\Delta L_2 = +4\rlap{.}''838 \cdot \cos(299°102 + G_2 - G)$$
$$+0\rlap{.}''116 \cdot \cos(148°900 + 2G_2 - G)$$
$$+5\rlap{.}''526 \cdot \cos(148°313 + 2G_2 - 2G)$$
$$+2\rlap{.}''497 \cdot \cos(315°943 + 2G_2 - 3G)$$
$$+0\rlap{.}''666 \cdot \cos(177°710 + 3G_2 - 3G)$$
$$+1\rlap{.}''559 \cdot \cos(345°253 + 3G_2 - 4G)$$
$$+1\rlap{.}''024 \cdot \cos(318°150 + 3G_2 - 5G)$$
$$+0\rlap{.}''210 \cdot \cos(206°200 + 4G_2 - 4G)$$
$$+0\rlap{.}''144 \cdot \cos(195°400 + 4G_2 - 5G)$$
$$+0\rlap{.}''152 \cdot \cos(343°800 + 4G_2 - 6G)$$
$$+0\rlap{.}''123 \cdot \cos(195°300 + 5G_2 - 7G)$$
$$+0\rlap{.}''154 \cdot \cos(359°600 + 5G_2 - 8G)$$

$$\Delta L_4 = +0\rlap{.}''273 \cdot \cos(217°700 - G_4 + G)$$
$$+2\rlap{.}''043 \cdot \cos(343°888 - 2G_4 + 2G)$$
$$+1\rlap{.}''770 \cdot \cos(200°402 - 2G_4 + G)$$
$$+0\rlap{.}''129 \cdot \cos(294°200 - 3G_4 + 3G)$$
$$+0\rlap{.}''425 \cdot \cos(338°880 - 3G_4 + 2G)$$
$$+0\rlap{.}''500 \cdot \cos(105°180 - 4G_4 + 3G)$$
$$+0\rlap{.}''585 \cdot \cos(334°060 - 4G_4 + 2G)$$
$$+0\rlap{.}''204 \cdot \cos(100°800 - 5G_4 + 3G)$$
$$+0\rlap{.}''154 \cdot \cos(227°400 - 6G_4 + 4G)$$
$$+0\rlap{.}''101 \cdot \cos(96°300 - 6G_4 + 3G)$$
$$+0\rlap{.}''106 \cdot \cos(222°700 - 7G_4 + 4G)$$

$$\Delta L_5 = +0\rlap{.}''163 \cdot \cos(198°600 - G_5 + 2G)$$
$$+7\rlap{.}''208 \cdot \cos(179°532 - G_5 + G)$$
$$+2\rlap{.}''600 \cdot \cos(263°217 - G_5)$$
$$+2\rlap{.}''731 \cdot \cos(87°145 - 2G_5 + 2G)$$
$$+1\rlap{.}''610 \cdot \cos(109°493 - 2G_5 + G)$$
$$+0\rlap{.}''164 \cdot \cos(170°500 - 3G_5 + 3G)$$
$$+0\rlap{.}''556 \cdot \cos(82°650 - 3G_5 + 2G)$$
$$+0\rlap{.}''210 \cdot \cos(98°500 - 3G_5 + G)$$

$$\Delta L_6 = +0\rlap{.}''419 \cdot \cos(100°580 - G_6 + G)$$
$$+0\rlap{.}''320 \cdot \cos(269°460 - G_6)$$
$$+0\rlap{.}''108 \cdot \cos(290°600 - 2G_6 + 2G)$$
$$+0\rlap{.}''112 \cdot \cos(293°600 - 2G_6 + G)$$

$$\Delta L_\mathrm{M} = +6\rlap{.}''454 \cdot \sin(D) + 0\rlap{.}''177 \cdot \sin(D + A)$$
$$-0\rlap{.}''424 \cdot \sin(D - A) + 0\rlap{.}''172 \cdot \sin(D - G)$$

Damit berechnet sich die wahre Länge zu:

$$L = L_0 + \Delta L + \Delta L_2 + \Delta L_4 + \Delta L_5 + \Delta L_6 + \Delta L_\mathrm{M}$$

4.1.2.4 Störungen des Radius

$$\begin{aligned}
\Delta R_2 \cdot 10^9 = \; & +2359 \cdot \cos(209°080 + G_2 - G) \\
& +160 \cdot \cos(\;58°400 + 2G_2 - G) \\
& +6842 \cdot \cos(\;58°318 + 2G_2 - 2G) \\
& +869 \cdot \cos(226°700 + 2G_2 - 3G) \\
& +1045 \cdot \cos(\;87°570 + 3G_2 - 3G) \\
& +1497 \cdot \cos(255°250 + 3G_2 - 4G) \\
& +194 \cdot \cos(\;49°500 + 3G_2 - 5G) \\
& +376 \cdot \cos(116°280 + 4G_2 - 4G) \\
& +196 \cdot \cos(105°200 + 4G_2 - 5G) \\
& +163 \cdot \cos(145°400 + 5G_2 - 5G) \\
& +141 \cdot \cos(105°400 + 5G_2 - 7G) \\
\Delta R_4 \cdot 10^9 = \; & +150 \cdot \cos(127°700 - G_4 + G) \\
& +2057 \cdot \cos(253°828 - 2G_4 + 2G) \\
& +151 \cdot \cos(295°000 - 2G_4 + G) \\
& +168 \cdot \cos(203°500 - 3G_4 + 3G) \\
& +215 \cdot \cos(249°000 - 3G_4 + 2G) \\
& +478 \cdot \cos(\;15°170 - 4G_4 + 3G) \\
& +105 \cdot \cos(\;65°900 - 4G_4 + 2G) \\
& +107 \cdot \cos(324°600 - 5G_4 + 4G) \\
& +139 \cdot \cos(137°300 - 6G_4 + 4G) \\
\Delta R_5 \cdot 10^9 = \; & +208 \cdot \cos(112°000 - G_5 + 2G) \\
& +7067 \cdot \cos(\;89°545 - G_5 + G) \\
& +244 \cdot \cos(338°600 - G_5\;\;\;\;\;) \\
& +103 \cdot \cos(350°500 - 2G_5 + 3G) \\
& +4026 \cdot \cos(357°108 - 2G_5 + 2G) \\
& +1459 \cdot \cos(\;19°467 - 2G_5 + G) \\
& +281 \cdot \cos(\;81°200 - 3G_5 + 3G) \\
& +803 \cdot \cos(352°560 - 3G_5 + 2G) \\
& +174 \cdot \cos(\;\;8°600 - 3G_5 + G) \\
& +113 \cdot \cos(347°700 - 4G_5 + 2G) \\
\Delta R_6 \cdot 10^9 = \; & +429 \cdot \cos(\;10°600 - G_6 + G) \\
& +162 \cdot \cos(200°600 - 2G_6 + 2G) \\
& +112 \cdot \cos(203°100 - 2G_6 + G) \\
\Delta R_M \cdot 10^9 = \; & +13360 \cdot \cos(D) \\
& +370 \cdot \cos(D+A) - 1330 \cdot \cos(D-A) \\
& -140 \cdot \cos(D+G) + 360 \cdot \cos(D-G)
\end{aligned}$$

Damit berechnet sich der Radius R wie folgt:

$$R = 10^{(R_0 + \Delta R_2 + \Delta R_4 + \Delta R_5 + \Delta R_6 + \Delta R_M)} \; \text{[AE]}$$

4.1.2.5 Ekliptikale Breite der Sonne

$$B = -0\overset{''}{.}210 \cdot \cos(151\overset{\circ}{.}800 + 3G_2 - 4G)$$
$$-0\overset{''}{.}166 \cdot \cos(265\overset{\circ}{.}500 - 2G_5 + G)$$
$$+0\overset{''}{.}576 \cdot \sin U$$

In der obigen Aufstellung sind alle Terme vernachlässigt, die kleiner als $0\overset{''}{.}1$ (Länge und Breite) oder kleiner als 0.00000010 (Logarithmus des Radiusvektors) sind. Der größte mögliche Fehler beträgt damit ungefähr $2''$ in Länge, $0\overset{''}{.}5$ in Breite und 0.000005 AE im Radius.

Die Terme, die als Argumente die mittleren Längen der Mondbahn enthalten, entstehen durch die Verschiebung des Erdmittelpunktes gegenüber dem Schwerpunkt des Systems Erde–Mond (Baryzentrum). Sie werden nicht berechnet, wenn man nur an den Koordinaten des Baryzentrums interessiert ist. Man beachte hierzu auch Kapitel 5.

4.1.3 Planetentheorien

Analytische Darstellungen der Bewegung der Planeten um die Sonne sind von verschiedenen Astronomen ausgearbeitet worden. Sie erfordern besonders bei den äußeren Planeten eine Vielzahl von Termen und können aus Platzgründen hier nicht wiedergegeben werden. Eine Aufstellung entsprechender Werke findet sich aber im Literaturverzeichnis.

4.2 Numerische Integration

In den numerischen Verfahren wird versucht, die Bahnen der einzelnen Massenpunkte näherungsweise in kleinen Schritten zu berechnen. Ausgehend von den Orten und Geschwindigkeiten zu einem Zeitpunkt t bestimmt man die Orte und Geschwindigkeiten zu einem etwas späteren Zeitpunkt $t + \Delta t$, indem man die Bahn in diesem Zeitraum geeignet extrapoliert. Bei den einfachsten Verfahren nähert man die Bahn durch kleine Geradenstücke an, was natürlich nur für sehr kleine Δt eine brauchbare Näherung darstellt. Bessere Methoden verwenden zur Berechnung des jeweils nächsten Schrittes mehrere vorangehende und berücksichtigen so auch die Krümmung der Bahn. Die mit numerischer Integration erreichbare Genauigkeit hängt vom verwendeten Verfahren und der Wahl der Schrittweite Δt ab. Im allgemeinen erzielt man eine höhere Genauigkeit, wenn man Δt kleiner wählt. Da dann jedoch die Anzahl der notwendigen Rechenschritte zunimmt, wachsen die Rundungsfehler, die durch die beschränkte Stellenzahl des Rechners entstehen, schneller an. Aus diesem Grunde kommt es darauf an, Verfahren zu verwenden, die eine möglichst große Schrittweite erlauben, wenn man verläßliche Berechnungen über längere Zeiträume durchführen will.

Als Beispiel für eine Vielzahl möglicher Integrationsverfahren wurde hier ein Runge-Kutta-Verfahren gewählt. Es zählt zu den so genannten Einschrittverfahren, d.h. es werden nicht mehrere vergangene Schritte gespeichert, um den jeweils nächsten Schritt zu berechnen. Der Vorteil liegt dabei in der besseren Übersichtlichkeit und in der Möglichkeit, die Schrittweite nach jedem Schritt ändern zu können.

Das Verfahren erhebt keinen Anspruch darauf, höchste Genauigkeit in Verbindung mit großer Schrittweite zu liefern. Es soll hauptsächlich dazu dienen, das Prinzip der numerischen Integration zu illustrieren. Einen guten Überblick über seine Leistungsfähigkeit erhält man, wenn man das im Anschluß gegebene Beispiel für verschiedene Schrittweiten durchrechnet und mit der analytischen Lösung vergleicht. Für die Darstellung weiterer Integrationsverfahren sei auf die Arbeiten im Literaturverzeichnis verwiesen.

Ausgangspunkt der Rechnung ist ein System von n Massen, deren Koordinaten in einem kartesischen Koordinatensystem zu einer bestimmten Zeit t bekannt sind. Da die zeitliche Entwicklung dieses Systems hieraus noch nicht eindeutig bestimmbar ist, werden weiterhin auch die Geschwindigkeiten der einzelnen Massen als bekannt vorausgesetzt.

Bezeichnungen

$r(t) = \begin{pmatrix} x(t) \\ y(t) \\ z(t) \end{pmatrix}$ Ort eines Körpers zur Zeit t

$v(t) = \begin{pmatrix} \dot{x}(t) \\ \dot{y}(t) \\ \dot{z}(t) \end{pmatrix}$ Geschwindigkeit zur Zeit t

$a(t) = \begin{pmatrix} \ddot{x}(t) \\ \ddot{y}(t) \\ \ddot{z}(t) \end{pmatrix}$ Beschleunigung zur Zeit t

m Masse des Körpers

G Gravitationskonstante
($G = 2.959122083 \cdot 10^{-4} \text{AE}^3 M_\odot^{-1} \text{d}^{-2}$)

Der Index i bezeichnet die jeweilige Größe des i-ten von n Körpern.

4.2.1 Berechnung der Beschleunigungen

Betrachtet man die n Körper als punktförmig, dann gilt:

$$a_i(t) = \sum_{j=1, j \neq 1}^{n} G \cdot m_j \cdot \frac{r_j(t) - r_i(t)}{|r_j(t) - r_i(t)|^3}$$

Die Beschleunigungen lassen sich also allein aus den Ortsvektoren bestimmen. Man verwendet zweckmäßig etwa das folgende Rechenschema:

Man berechne zuerst für alle Paare (i,j) mit $1 \leq i, j \leq n$ und $i \neq j$ die Hilfsgröße

$$D_{ij} = 1/\sqrt{(x_i - x_j)^2 + (y_i - y_j)^2 + (z_i - z_j)^2}$$

wobei man die Identität $D_{ij} = D_{ji}$ beachtet. Damit gilt:

$$\ddot{x}_i = \sum_{j=1, j \neq 1}^{n} G \cdot m_j \cdot D_{ij}^3(t) \cdot (x_j(t) - x_i(t))$$
$$\ddot{y}_i = \sum_{j=1, j \neq 1}^{n} G \cdot m_j \cdot D_{ij}^3(t) \cdot (y_j(t) - y_i(t))$$
$$\ddot{z}_i = \sum_{j=1, j \neq 1}^{n} G \cdot m_j \cdot D_{ij}^3(t) \cdot (z_j(t) - z_i(t))$$

4.2.1.1 Die Bewegungsgleichung

Der gesamte Zustand des Systems der n Massen zur Zeit t lässt sich zu einem Vektor y zusammenfassen:

$$y(t) = (r_1(t), v_1(t), \ldots, r_n(t), v_n(t))$$

Dieser Vektor besteht also aus $2n$ dreikomponentigen Vektoren und hat somit insgesamt $6n$ Komponenten. Seine zeitliche Änderung ist:

$$\frac{d}{dt} y(t) = (v_1(t), a_1(t), \ldots, v_n(t), a_n(t))$$

Da die Beschleunigungen $a_i(t)$ eine Funktion der Positionen $r_i(t)$ sind, lässt sich schreiben:

$$(v_1, a_1, \ldots, v_n, a_n) = \frac{d}{dt} y = f(y) = f(r_1, v_1, \ldots, r_n, v_n) \quad .$$

Die Aufgabe besteht nun darin, $y(t)$ so zu bestimmen, dass diese Gleichung zu jeder Zeit t erfüllt ist.

Hierzu sei noch einmal die Bedeutung der Funktion f erläutert: sei y ein gegebener $6n$-dimensionaler Vektor; dann kann man y in $2n$ dreidimensionale Vektoren zerlegen, die als Orts- und Geschwindigkeitsvektoren der n Massen aufgefasst werden. $f(y)$ ist seinerseits wieder ein $6n$-dimensionaler Vektor, in dem die Geschwindigkeiten und die aus den Orten nach obiger Formel berechneten Beschleunigungen zusammengefasst sind.

$$y = \begin{pmatrix} y_1 \\ y_2 \\ y_3 \\ \vdots \\ y_{6n-2} \\ y_{6n-1} \\ y_{6n} \end{pmatrix} \begin{matrix} \left.\vphantom{\begin{matrix}y_1\\y_2\\y_3\end{matrix}}\right\} r_1 \\ \\ \left.\vphantom{\begin{matrix}y_1\\y_2\\y_3\end{matrix}}\right\} v_n \end{matrix} \xrightarrow{r_{1\ldots n} \Rightarrow a_{1\ldots n}} f(y) = \begin{pmatrix} f_1 \\ f_2 \\ f_3 \\ \vdots \\ f_{6n-2} \\ f_{6n-1} \\ f_{6n} \end{pmatrix} \begin{matrix} \left.\vphantom{\begin{matrix}f_1\\f_2\\f_3\end{matrix}}\right\} v_1 \\ \\ \left.\vphantom{\begin{matrix}f_1\\f_2\\f_3\end{matrix}}\right\} a_n \end{matrix}$$

Das Runge-Kutta-Verfahren liefert zu einem Zeitintervall Δt den Zustand des Systems $y(t + \Delta t)$ ausgehend von dem als bekannt vorausgesetzten Zustand $y(t)$ zur Zeit t.

Man berechnet nacheinander die ($6n$-dimensionalen) Größen

$k_a = f(y(t))$
$k_b = f(y(t) + \frac{1}{2}\Delta t \cdot k_a)$
$k_c = f(y(t) + \frac{1}{2}\Delta t \cdot k_b)$
$k_d = f(y(t) + \Delta t \cdot k_c)$
$\hat{f} = \frac{1}{6} \cdot (k_a + 2k_b + 2k_c + k_d)$

und erhält damit den (genäherten!) Wert von y zur Zeit $t + \Delta t$:

$y(t + \Delta t) = y(t) + \Delta t \cdot \hat{f}$

Nach dem gleichen Verfahren lässt sich y dann schrittweise für jeden beliebigen späteren Zeitpunkt berechnen. Die Schrittweite Δt kann dabei nach jedem Schritt frei gewählt werden. Man sollte jedoch zweckmäßig kontrollieren, dass die Änderung $\Delta t \cdot \hat{f}$ klein gegen y ist, da sonst die Rechenungenauigkeit zu hoch wird. Gegebenenfalls muss die Schrittweite entsprechend verkleinert werden.

4.2.1.2 Anmerkungen zur Wahl des Koordinatensystems

Das Koordinatensystem, in dem die Orts- und Geschwindigkeitsvektoren zur Anfangszeit gegeben sind, ist prinzipiell frei wählbar. Im Falle des Sonnensystems etwa kann man nach Belieben ekliptikale oder äquatoriale Koordinaten eines bestimmten Äquinoktiums verwenden. Sämtliche Rechnungen beziehen sich dann ebenfalls auf diese Koordinaten.

Der Natur der Sache nach ist das verwendete Koordinatensystem ein Inertialsystem. Das heißt, dass – abgesehen von Rechenungenauigkeiten – der Schwerpunkt der n Massen seine anfängliche Geschwindigkeit beibehält. Um ein eventuelles Wandern des Schwerpunkts zu verhindern, sollte man deshalb zweckmäßig darauf achten, dass die Schwerpunktsgeschwindigkeit

$$v_s = \left(\sum_{i=1}^n m_i \cdot v_i\right) / \left(\sum_{i=1}^n m_i\right)$$

annähernd gleich Null ist.

Im Fall des Sonnensystems ist ferner zu beachten, dass auch die Sonne eine beschleunigte Bewegung um den Schwerpunkt des Sonnensystems ausführt. Diese Bewegung ist zwar klein im Vergleich zu den Planetenbahnen, hat jedoch zur Folge, dass man im Verlauf einer Rechnung nie heliozentrische Planetenkoordinaten erhält, auch wenn die Anfangsdaten heliozentrisch waren. Anstelle der hier gewählten, inertialen Bewegungsgleichung kann deshalb alternativ eine Bewegungsgleichung im (beschleunigten) heliozentrischen System gewählt werden, die direkt die heliozentrischen Koordinaten der einzelnen Himmelskörper liefert. Hierfür sei auf die im Anhang aufgeführte Literatur verwiesen.

Rechenbeispiele zu Kapitel 4

Zu 4.1.2: Newcombsche Sonnentheorie

Man berechne die ekliptikalen Koordinaten der Sonne am 4. Mai 1786, $5^\mathrm{h}30^\mathrm{m}$ TT (JD 2373506.7291667).

$T = -41513.27083/36525 = -1.136571412$
$\Delta L_\mathrm{p} = -5\rlap{.}''028 = -0\rlap{.}^\circ 001397$
$L_0 = 42\rlap{.}^\circ 25092$
$G = 122\rlap{.}^\circ 98344$

$G_2 = 303\rlap{.}^\circ 140 \qquad D = 72\rlap{.}^\circ 865$
$G_4 = 165\rlap{.}^\circ 629 \qquad A = 85\rlap{.}^\circ 535$
$G_5 = 16\rlap{.}^\circ 621 \qquad U = 177\rlap{.}^\circ 643$
$G_6 = 226\rlap{.}^\circ 944$

$\Delta L = 5746\rlap{.}''51 = 1\rlap{.}^\circ 59625$
$R_0 = 0.004037967$

$\Delta L_2 = -8\rlap{.}''402 \qquad \Delta R_2 = +0.000006676$
$\Delta L_4 = +0\rlap{.}''676 \qquad \Delta R_4 = -0.000001321$
$\Delta L_5 = +0\rlap{.}''615 \qquad \Delta R_5 = -0.000010959$
$\Delta L_6 = +0\rlap{.}''757 \qquad \Delta R_6 = +0.000000067$
$\Delta L_\mathrm{M} = +6\rlap{.}''194 \qquad \Delta R_\mathrm{M} = +0.000002660$

$L = 43°50'49\rlap{.}''8$
$\log R = 0.00403509$
$R = 1.0093344\,\mathrm{AE}$
$B = +0\rlap{.}''04$.

Zu 4.2: Numerische Integration

Man bestimme die Bewegung zweier Massen
$M_1 = 0.2058836448 M_\odot$
$M_2 = 0.8235345792 M_\odot \qquad (M_2 = 4M_1)$
die sich zur Zeit $t = 0$ an den Orten

$x_1 = +0.800000000000\,\mathrm{AE} \qquad x_2 = -0.200000000000\,\mathrm{AE}$
$y_1 = 0.000000000000\,\mathrm{AE} \qquad y_2 = 0.000000000000\,\mathrm{AE}$
$z_1 = 0.000000000000\,\mathrm{AE} \qquad z_2 = 0.000000000000\,\mathrm{AE}$

befinden und deren Anfangsgeschwindigkeiten

$\dot{x}_1 = 0.000000000000\,\mathrm{AE/d} \qquad \dot{x}_2 = 0.000000000000\,\mathrm{AE/d}$
$\dot{y}_1 = +0.013962634020\,\mathrm{AE/d} \qquad \dot{y}_2 = -0.003490658504\,\mathrm{AE/d}$
$\dot{z}_1 = 0.000000000000\,\mathrm{AE/d} \qquad \dot{z}_2 = 0.000000000000\,\mathrm{AE/d}$

sind. Als Schrittweite wähle man $\Delta t = 2^\mathrm{d}$.

Für die folgende Rechnung werden alle Größen in AE als Entfernungseinheit, AE/d als Geschwindigkeitseinheit und Sonnenmassen als Masseneinheit ausgedrückt. Man erhält damit dimensionslose Zahlen. Aus den Startwerten wird nun zuerst der Vektor $y(t=0)$ gebildet:

$$y = \begin{pmatrix} +0.800000000000 \\ 0.000000000000 \\ 0.000000000000 \\ 0.000000000000 \\ +0.013962634020 \\ 0.000000000000 \\ -0.200000000000 \\ 0.000000000000 \\ 0.000000000000 \\ 0.000000000000 \\ -0.003490658504 \\ 0.000000000000 \end{pmatrix} \begin{matrix} \left.\begin{matrix}\\ \\ \\ \end{matrix}\right\} r_1 \\ \left.\begin{matrix}\\ \\ \\ \end{matrix}\right\} v_1 \\ \left.\begin{matrix}\\ \\ \\ \end{matrix}\right\} r_2 \\ \left.\begin{matrix}\\ \\ \\ \end{matrix}\right\} v_2 \end{matrix}$$

Die Berechnung der Beschleunigungen ergibt mit diesen Anfangswerten[1]

$$\ddot{x}_1 = -0.0002436939 \qquad \ddot{y}_1 = \ddot{z}_1 = 0$$
$$\ddot{x}_2 = +0.0000609235 \qquad \ddot{y}_2 = \ddot{z}_2 = 0$$

Aus diesen Werten lassen sich nun k_a und $y' = y + \frac{1}{2}\Delta t k_a$ berechnen:

$$k_a = \begin{pmatrix} 0.0000000000 \\ +0.0139626340 \\ 0.0000000000 \\ -0.0002436939 \\ 0.0000000000 \\ 0.0000000000 \\ 0.0000000000 \\ -0.0034906585 \\ 0.0000000000 \\ +0.0000609235 \\ 0.0000000000 \\ 0.0000000000 \end{pmatrix} \qquad y' = \begin{pmatrix} +0.8000000000 \\ +0.0139626340 \\ 0.0000000000 \\ -0.0002436939 \\ +0.0139626340 \\ 0.0000000000 \\ -0.2000000000 \\ -0.0034906585 \\ 0.0000000000 \\ +0.0000609235 \\ -0.0034906585 \\ 0.0000000000 \end{pmatrix}$$

Der Vektor y' besteht aus den vier dreidimensionalen Vektoren r'_1, v'_1, r'_2, v'_2. Aus r'_1 und r'_2 werden nun a'_1 und a'_2 berechnet und schließlich

---

[1] Alle Zwischenergebnisse sind jeweils auf zehn Nachkommastellen angegeben.

der Vektor $k_b = (v'_1, a'_1, v'_2, a'_2)$ gebildet. Entsprechend erhält man dann k_c und k_d. In der Reihenfolge k_b, k_c, k_d lauten diese Vektoren:

$$\begin{pmatrix} -0.0002436939 \\ +0.0139626340 \\ 0.0000000000 \\ -0.0002435826 \\ -0.0000042513 \\ 0.0000000000 \\ +0.0000609235 \\ -0.0034906585 \\ 0.0000000000 \\ +0.0000608957 \\ +0.0000010628 \\ 0.0000000000 \end{pmatrix} \begin{pmatrix} -0.0002435826 \\ +0.0139583827 \\ 0.0000000000 \\ -0.0002437310 \\ -0.0000042552 \\ 0.0000000000 \\ +0.0000608957 \\ -0.0034895957 \\ 0.0000000000 \\ +0.0000609328 \\ +0.0000010638 \\ 0.0000000000 \end{pmatrix} \begin{pmatrix} -0.0004874621 \\ +0.0139541236 \\ 0.0000000000 \\ -0.0002435455 \\ -0.0000085039 \\ 0.0000000000 \\ +0.0001218655 \\ -0.0034885309 \\ 0.0000000000 \\ +0.0000608864 \\ +0.0000021260 \\ 0.0000000000 \end{pmatrix}$$

Aus k_a, k_b, k_c und k_d bildet man nun $\hat{f}$ und hieraus den Vektor

$$y(t+\Delta t) = \begin{pmatrix} +0.7995126616 \\ +0.0279195970 \\ 0.0000000000 \\ -0.0004872889 \\ +0.0139541284 \\ 0.0000000000 \\ -0.1998781654 \\ -0.0069798993 \\ 0.0000000000 \\ +0.0001218222 \\ -0.0034885321 \\ 0.0000000000 \end{pmatrix} \begin{matrix} \} r_1(t+\Delta t) \\ \\ \} v_1(t+\Delta t) \\ \\ \} r_2(t+\Delta t) \\ \\ \} v_2(t+\Delta t) \end{matrix}$$

Der neue Zustandsvektor enthält sämtliche Orts- und Zeitkoordinaten, die das System der zwei Massen zum Zeitpunkt $t+\Delta t$ beschreiben. Mit diesen Werten kann man nun das Integrationsverfahren wieder aufnehmen und die Bewegung des Systems während des nächsten Zeitschritts verfolgen.

Aus der Wahl der Anfangsbedingungen ergibt sich, dass sich die beiden Massen auf Kreisbahnen von 0.8 AE und 0.2 AE umkreisen. Die Winkelgeschwindigkeit beträgt dabei 1°/d. Auf diese Weise lässt sich kontrollieren, inwieweit die numerische Integration die Bahn richtig darstellt. Wählt man das Zeitintervall anders als 2^d, dann lässt sich sehr gut der Einfluss der Schrittweite auf die Rechengenauigkeit studieren. Sinnvollerweise sollte man die Rechnung immer mit mindestens zehnstelliger Rechengenauigkeit durchführen. Anderenfalls nehmen Rundungsfehler sehr schnell Überhand.

5 Die Mondbahn

Im Gegensatz zur Planetenbewegung kann man die Bewegung des Mondes nicht mehr als Zweikörperproblem behandeln, da die von Sonne und Erde ausgeübten Kräfte von vergleichbarer Größenordnung sind. Man berücksichtigt die dadurch entstehenden Abweichungen von einer mittleren Ellipsenbahn in Form von periodischen Reihen, die als Argumente die mittleren Elemente der Mond- und Sonnenbahn enthalten. Zur genauen Berechnung benötigt man insgesamt über tausend solcher Korrekturen, von denen im Folgenden aber nur die wichtigsten verwendet werden.

5.1 Die mittleren Längen

Zur Auswertung der Reihenentwicklung der Mondbahn werden die nachfolgenden Größen benötigt. Für die angestrebte Genauigkeit von einigen Bogenminuten genügt es, rund drei Nachkommastellen zu berücksichtigen. Die quadratischen Glieder können deshalb in vielen Fällen vernachlässigt werden.

$$T = (JD - 2451545.0)/36525$$
$$L_0 = 218°31665 + 481267°88134 \cdot T - 0°001327 \cdot T^2$$
$$l = 134°96341 + 477198°86763 \cdot T + 0°008997 \cdot T^2$$
$$l' = 357°52911 + 35999°05029 \cdot T + 0°000154 \cdot T^2$$
$$F = 93°27210 + 483202°01753 \cdot T - 0°003403 \cdot T^2$$
$$D = 297°85020 + 445267°11152 \cdot T - 0°001630 \cdot T^2$$

JD Julianisches Datum
T Jahrhunderte seit J2000
L_0 mittlere Länge des Mondes
l mittlere Anomalie des Mondes
l' mittlere Anomalie der Sonne
F mittlerer Abstand des Mondes vom aufsteigenden Knoten
D mittlerer Abstand Mond–Sonne

Alle Längen beziehen sich auf den Frühlingspunkt des Datums.

5.2 Die wahre ekliptikale Länge

In einfachster Näherung wird die Mondbahn durch eine Ellipse der Exzentrizität $e = 0.0549$ beschrieben. Nach Abschn. 3.1.5 lässt sich die resultierende Bewegung über eine Reihenentwicklung der Mittelpunktsgleichung darstellen. Die entsprechenden Terme sind in der folgenden Aufstellung mit (1) gekennzeichnet.

Die Bahnebene des Mondes ist im Mittel um $i = 5°\!.145$ gegen die Ekliptik geneigt. Hieraus resultiert eine kleine Differenz zwischen der Länge in der Bahn und der gesuchten ekliptikalen Länge, die im Wesentlichen durch den Ausdruck (5) beschrieben werden kann.

Die restlichen Ausdrücke berücksichtigen die Abweichungen von einer ungestörten Bewegung und sind vom wechselnden Einfluss von Sonne und Erde abhängig. Die bekanntesten sind die Evektion (2), die bereits im Altertum bekannt war, die Variation (3) und die jährliche Ungleichheit (4), die von Tycho Brahe entdeckt wurden sowie die parallaktische Gleichung (6).

$$
\begin{aligned}
\lambda = L_0 &+22640''\cdot\sin(l) + 769''\cdot\sin(2l) + 36''\cdot\sin(3l) &&(1)\\
&-4586''\cdot\sin(l - 2D) &&(2)\\
&+2370''\cdot\sin(2D) &&(3)\\
&-668''\cdot\sin(l') &&(4)\\
&-412''\cdot\sin(2F) &&(5)\\
&-212''\cdot\sin(2l - 2D) &&\\
&-206''\cdot\sin(l + l' - 2D) &&\\
&+192''\cdot\sin(l + 2D) &&\\
&-165''\cdot\sin(l' - 2D) &&\\
&+148''\cdot\sin(l - l') &&\\
&-125''\cdot\sin(D) &&(6)\\
&-110''\cdot\sin(l + l') &&\\
&-55''\cdot\sin(2F - 2D) &&
\end{aligned}
$$

λ ekliptikale Länge des Mondes
L_0 mittlere Länge des Mondes
l mittlere Anomalie des Mondes
l' mittlere Anomalie der Sonne
F mittlerer Abstand des Mondes vom aufsteigenden Knoten
D mittlerer Abstand Mond–Sonne
Alle Längen beziehen sich auf den Frühlingspunkt des Datums.

5.3 Die ekliptikale Breite des Mondes

Die ekliptikale Länge des Mondes erhält man aus der folgenden Reihenentwicklung:

$$\begin{aligned}
\beta = {} & 18520'' \cdot \sin(F + \lambda - L_0 + 0°\!.114 \cdot \sin 2F + 0°\!.150 \cdot \sin l') \\
& -526'' \cdot \sin(+F - 2D) \\
& +44'' \cdot \sin(+l + F - 2D) \\
& -31'' \cdot \sin(-l + F - 2D) \\
& -25'' \cdot \sin(-2l + F) \\
& -23'' \cdot \sin(+l' + F - 2D) \\
& +21'' \cdot \sin(-l + F) \\
& +11'' \cdot \sin(-l' + F - 2D)
\end{aligned}$$

λ, β ekliptikale Länge und Breite des Mondes
L_0 mittlere Länge des Mondes
l mittlere Anomalie des Mondes
l' mittlere Anomalie der Sonne
F mittlerer Abstand des Mondes vom aufsteigenden Knoten
D mittlerer Abstand Mond–Sonne

Die Werte beziehen sich auf den Frühlingspunkt des Datums.

5.4 Entfernung, Halbmesser und Parallaxe

Die Entfernung des Mondes von der Erde ergibt sich in erster Näherung wieder durch Reihenentwicklung der mittleren elliptischen Bewegung. Mit den zusätzlich aufgeführten Störungstermen erreicht man insgesamt eine Genauigkeit von rund 500 km.

$$\begin{aligned}
\Delta\,[\text{km}] = {} & 385\,000 - 20\,905 \cdot \cos(l) - 570 \cdot \cos(2l) \\
& -3\,699 \cdot \cos(2D - l) \\
& -2\,956 \cdot \cos(2D) \\
& +246 \cdot \cos(2l - 2D) \\
& -205 \cdot \cos(l' - 2D) \\
& -171 \cdot \cos(l + 2D) \\
& -152 \cdot \cos(l + l' - 2D)
\end{aligned}$$

Δ Entfernung des Mondes vom Erdmittelpunkt
l mittlere Anomalie des Mondes
l' mittlere Anomalie der Sonne
D mittlerer Abstand Mond–Sonne

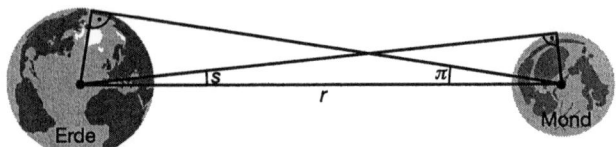

Abb. 5.1: Zusammenhang zwischen Horizontalparallaxe (π), Halbmesser (s) und Entfernung (r) des Mondes

Unter Berücksichtigung der in Abb. 5.1 dargestellten Zusammenhänge erhält man zu gegebener Entfernung r des Mondes ferner den Halbmesser s sowie die Horizontalparallaxe π. Dieser Winkel bezeichnet den Unterschied zwischen den geozentrischen und den topozentrischen Koordinaten des Mondes in Horizontnähe und ist gleich dem Winkel, unter dem der Erdhalbmesser vom Mondmittelpunkt aus erscheint.

$$s = \arcsin\left(\frac{R_M}{\Delta}\right) \qquad \pi = \arcsin\left(\frac{R_\oplus}{\Delta}\right)$$

R_M Radius des Mondes ($R_M = 1734$ km)
$R_\oplus$ Erdradius ($R_\oplus = 6378.137$ km)
Δ Entfernung des Mondes vom Erdmittelpunkt
s scheinbarer Halbmesser des Mondes
π Horizontalparallaxe des Mondes

5.5 Die Lage des Erdmittelpunktes

Aufgrund der im Vergleich zur Erdmasse merklichen Masse des Mondes fällt der Erdmittelpunkt nicht mit dem Schwerpunkt beider Körper zusammen. Die Verschiebung beträgt rund 1/80 der Entfernung Erde–Mond oder 3/4 Erdradien. Da die gängigen Verfahren zur Berechnung der Erdbahn zunächst die Koordinaten des Schwerpunktes von Erde und Mond liefern (der auch die Lage der Ekliptik definiert), müssen diese anschließend korrigiert werden, um die Lage des eigentlichen Erdmittelpunktes zu erhalten. Der Unterschied der heliozentrischen Koordinaten beider Punkte beträgt maximal $7''$ in ekliptikaler Länge und $0\overset{''}{.}6$ in Breite. Er schwankt naturgemäß mit einer Periode von einem Monat (ein Mondumlauf).

5.5 Die Lage des Erdmittelpunktes

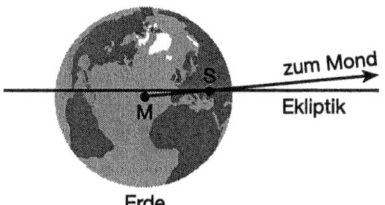

Abb. 5.2: Von der Sonne aus betrachtet unterscheiden sich die Koordinaten des Schwerpunktes S und des Erdmittelpunktes M um bis zu $7''$ (maßstäbliche Zeichnung)

Angesichts der im Verhältnis zur Mondbahn großen Entfernung der Sonne und der damit verbundenen kleinen Winkelunterschiede gelten in guter Näherung die folgenden Formeln:

$$\Delta l = +2506'' \cdot \frac{\Delta}{r} \cdot \cos(\beta) \sin(l - \lambda)$$

$$\Delta b = -2506'' \cdot \frac{\Delta}{r} \cdot \sin(\beta)$$

$$\Delta r = -\bar{\mu} \cdot \Delta \cdot \cos(\beta) \cos(l - \lambda)$$

$\bar{\mu}$ Verhältnis Mondmasse/(Erdmasse+Mondmasse) ($\bar{\mu} = 0.01215057$)

l, b, r heliozentrische ekliptikale Koordinaten des Schwerpunktes Erde–Mond

λ, β, Δ geozentrische ekliptikale Mondkoordinaten

$\Delta l, \Delta b, \Delta r$ Korrektur, die zu l, b und r zu addieren ist, um die heliozentrischen ekliptikalen Koordinaten des Erdmittelpunktes zu erhalten

Der Winkel $2506''$ steht hierbei stellvertretend für den Ausdruck $\bar{\mu} \cdot 180°/\pi$.

Rechenbeispiele zu Kapitel 5

Man berechne die Stellung des Mondes am 2. August 2005, 0^h TT (JD 2453584.5).

Zu 5.1: Mittlere Längen

$T = 0.055838467$
$L_0 = 91°5773$
$l = 141°0166$
$l' = 207°6609$
$F = 74°5319$
$D = 320°8830$.

Zu 5.2: Wahre ekliptikale Länge

$\lambda = L_0 + 14346'' = L_0 + 3°9850 = 95°5624$.

Zu 5.3: Ekliptikale Breite

$\beta = 17821'' = 4°9504$.

Zu 5.4: Entfernung, Halbmesser und Parallaxe

$r = 403445\,\text{km}$
$s = 0°2468$
$\pi = 0°9058$.

Zu 5.5: Lage des Erdmittelpunktes

Aus den heliozentrischen Koordinaten

$L = 309.8148 \qquad B = 0.0001 \qquad R = 1.01487\,\text{AE}$

der Erde für den angegebenen Tag erhält man unter Verwendung der oben berechneten Mondkoordinaten die Differenz der heliozentrischen Koordinaten von Erdmittelpunkt und Schwerpunkt Erde–Mond:

$\Delta L = -3\rlap{.}''73$
$\Delta B = -0\rlap{.}''57$
$\Delta R = +4037 = 0.000027\,\text{AE}$.

6 Physische Ephemeriden

Für die folgenden Rechnungen werden die Koordinaten von Erde, Sonne und jeweiligem Planeten in den verschiedenen Koordinatensystemen als bekannt vorausgesetzt.

6.1 Durchmesser

Der Durchmesser eines Planeten im Fernrohr ist abhängig von seiner Entfernung von der Erde. Es gilt:

$$\varnothing = \arctan\left(2 \cdot \frac{1\mathrm{AE}}{\Delta} \cdot \tan s\right) = 2 \cdot \frac{1\mathrm{AE}}{\Delta} \cdot s$$

$\varnothing$ scheinbarer Durchmesser des Planeten von der Erde
Δ geozentrische Entfernung des Planeten
s Halbmesser aus 1 AE

Für die einzelnen Planeten gelten dabei die in Tabelle 6.1 aufgeführten Werte.

Tabelle 6.1: Halbmesser der Sonne und der Planeten aus einer Entfernung von 1 AE.

	Äquator	Pol
Sonne	15′59″64	
Merkur	3″36	
Venus	8″34	
Mars	4″68	
Jupiter	98″57	92″18
Saturn	83″10	74″96
Ring innen	124″8	
Ring außen	187″7	
Uranus	35″24	34″43
Neptun	34″15	33″56
Pluto	1″57	

6.2 Elongation und Positionswinkel der Sonne

In Abhängigkeit von der Stellung der Sonne kann der beleuchtete Teil des Planeten beim Anblick im Fernrohr eine unterschiedliche Stellung zur Nordrichtung einnehmen, die durch den Beleuchtungswinkel θ gekennzeichnet wird. θ ist der Positionswinkel der Sonne beim Blick auf den Planeten und wird von Norden ausgehend über Osten – also entgegen dem Uhrzeigersinn – von 0° bis 360° gemessen. Vorsicht, der Positionswinkel sagt nichts darüber aus, ob man eine Sichel sieht oder ob mehr als die Hälfte der Scheibe beleuchtet ist.

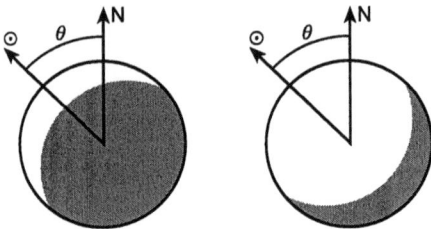

Abb. 6.1: Positionswinkel der Sonne (θ) bei verschiedenen Phasenwinkeln

Aus den folgenden Gleichungen erhält man zusätzlich noch die Elongation des Planeten, also den Winkel zwischen Sonne und Planet bei Betrachtung von der Erde aus. Es wird von 0° bis 180° gemessen (vgl. Abschn. 6.3).

$$\sin(\theta)\sin(E) = \cos(\delta_\odot)\sin(\alpha_\odot - \alpha)$$
$$\cos(\theta)\sin(E) = \sin(\delta_\odot)\cos(\delta) - \cos(\delta_\odot)\sin(\delta)\cos(\alpha_\odot - \alpha)$$
$$\cos(E) = \sin(\delta_\odot)\sin(\delta) + \cos(\delta_\odot)\cos(\delta)\cos(\alpha_\odot - \alpha)$$

θ	Beleuchtungswinkel
E	Elongation
$\alpha_\odot$	Rektaszension Sonne
α	Rektaszension Planet
$\delta_\odot$	Deklination Sonne
δ	Deklination Planet

Da sich θ üblicherweise auf die momentane Nordrichtung bezieht, sollten sich die Koordinaten von Sonne und Planet entsprechend auf den momentanen Äquator und Frühlingspunkt beziehen.

6.3 Beleuchtung der Scheibe

6.3.1 Phasenwinkel

Der Phasenwinkel i ist der Winkel, unter dem Sonne und Erde vom Planeten aus erscheinen und ist gleichzeitig ein Maß für die Beleuchtung der Scheibe. Er wird von 0° (vollkommen beleuchtet) bis 180° (unbeleuchtet) gemessen.

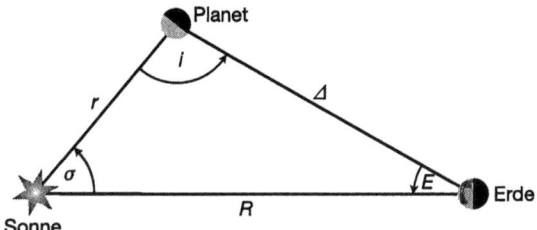

Abb. 6.2: Phasenwinkel (i) und Elongation (E)

i ergibt sich wahlweise aus einer der folgenden Beziehungen:

$$\cos(E) = +\cos(L-\lambda)\cos(\beta) \quad (0° \leq E \leq 180°)$$
$$\cos(\sigma) = -\cos(L-\lambda)\cos(b) \quad (0° \leq \sigma \leq 180°)$$
$$i = 180° - \sigma - E$$

oder

$$\cos i = \frac{\Delta^2 + r^2 - R^2}{2 \cdot \Delta \cdot r}$$

l, b, r	heliozentrische ekliptikale Koordinaten des Planeten
λ, β, Δ	geozentrische ekliptikale Koordinaten des Planeten
$L, -, R$	geozentrische ekliptikale Koordinaten der Sonne
i	Phasenwinkel
E	Elongation

Da in dem ersten Gleichungssystem davon ausgegangen wird, dass die ekliptikale Breite der Sonne gleich Null ist, müssen sich dort streng genommen alle Koordinaten auf den Frühlingspunkt und die Ekliptik des Datums beziehen.

6.3.2 Phase

Als Phase ist das Verhältnis zwischen der beleuchteten und der gesamten Fläche des scheinbaren Planetenscheibchens definiert (nicht zu verwechseln mit der Kugeloberfläche des Planeten).

$$k = \frac{1}{2}(1 + \cos i)$$

k Phase
i Phasenwinkel

6.3.3 Beleuchtungsdefekt

Der Beleuchtungsdefekt ist die Breite des unbeleuchteten Teils der Planetenscheibe, gemessen in Richtung des Beleuchtungswinkels.

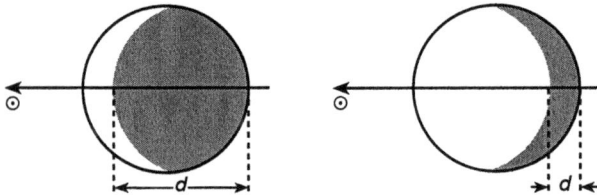

Abb. 6.3: Beleuchtungsdefekt (d) bei verschiedenen Phasenwinkeln

$$d = \varnothing \cdot \frac{1}{2}(1 - \cos i) \quad \text{(für ideal runde Planeten)}$$

i Phasenwinkel
$\varnothing$ scheinbarer Durchmesser (siehe Abschn. 6.1)
d Beleuchtungsdefekt

6.4 Rotation

6.4.1 Lage der Rotationsachse

Die räumliche Lage der Rotationsachse eines Planeten wird durch die Rektaszension (α_0) und Deklination (δ_0) des Punktes festgelegt, auf den der Nordpol des Planeten weist.

Tabelle 6.2: Lage der Rotationsachsen von Sonne und Planeten (IAU 1994, [11])

	α_0 (J2000)	$\Delta\alpha$	δ_0 (J2000)	$\Delta\delta$
Sonne	$286°\!.13$	$+0°\!.183T$	$+63°\!.87$	$+0°\!.154T$
Merkur	$281°\!.01\ -0°\!.033T$	$+0°\!.276T$	$+61°\!.45\ -0°\!.005T$	$+0°\!.107T$
Venus	$272°\!.76$	$-0°\!.043T$	$+67°\!.16$	$+0°\!.027T$
Mars	$317°\!.681-0°\!.108T$	$+0°\!.786T$	$+52°\!.886-0°\!.061T$	$+0°\!.413T$
Jupiter	$268°\!.05\ -0°\!.009T$	$+0°\!.116T$	$+64°\!.49\ +0°\!.003T$	$-0°\!.018T$
Saturn	$40°\!.589-0°\!.036T$	$+4°\!.731T$	$+83°\!.537-0°\!.004T$	$+0°\!.407T$
Uranus	$257°\!.311$	$+1°\!.429T$	$-15°\!.175$	$-0°\!.114T$
Neptun	$299°\!.36\ +0°\!.70\sin N$ $N = 357°\!.85+52°\!.316T$	$+0°\!.849T$	$+43°\!.46\ -0°\!.51\cos N$	$+0°\!.242T$
Pluto	$313°\!.02$	$+1°\!.250T$	$+9°\!.09$	$+0°\!.374T$

Aktuelle Werte für die Sonne und die Planeten sind in Tabelle 6.2 zusammengestellt. Darin bezeichnet $T = (JD - 2451545.0)/36525$ die Anzahl der seit J2000 vergangenen Jahrhunderte. Die beiden mit »(J2000)« gekennzeichneten Spalten enthalten die auf das feste Äquinoktium J2000 bezogene Lage der Pole. Addiert man hierzu die Größen $\Delta\alpha$ und $\Delta\delta$, so erhält man die auf den aktuellen Äquator und Frühlingspunkt bezogenen Werte, die für die weitere Rechnung benötigt werden. Alternativ lassen sich hierzu natürlich auch die strengen Formeln aus Abschn. 1.4.1.2 verwenden. Angesichts geringer Genauigkeitsanforderungen ist dies im Allgemeinen aber ebenso wenig notwendig wie die Berücksichtigung der Nutation.

6.4.2 Lage des Nullmeridians

Die Lage des Nullmeridians eines Planeten wird gekennzeichnet durch den Winkel W, der

- entlang des Äquators des Planeten
- in positivem Drehsinn bezogen auf den Nordpol des Planeten
- vom Schnittpunkt zwischen Erd- und Planetenäquator (Q)
- zum Schnittpunkt zwischen Nullmeridian und Planetenäquator (B)

gemessen wird. Q bezeichnet dabei denjenigen der beiden Schnittpunkte, in dem ein im positiven Drehsinn auf dem Äquator umlaufender Punkt die Ebene des Erdäquators von Süden nach Norden durchstößt.

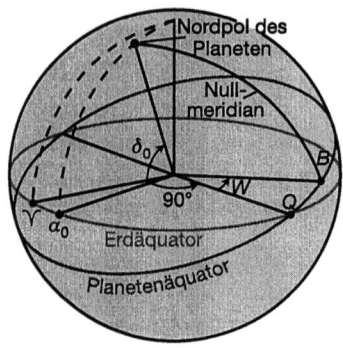

Abb. 6.4: Lage des Nullmeridians

Damit ist die Messung von W unabhängig vom tatsächlichen Drehsinn des Planeten. Für die einzelnen Planeten gelten die in Tabelle 6.3 zusammengestellten Werte. Darin bezeichnen $d = \mathrm{JD} - 2451545.0$ und $T = d/36525$ die Anzahl der seit J2000 vergangenen Tage bzw. Jahrhunderte.

Tabelle 6.3: Lage des Nullmeridians der Sonne und der Planeten (IAU 1994, [11])

		W (J2000)	ΔW
Sonne		$84°\!.182 + 14°\!.1844000 d$	$+1°\!.222$
Merkur		$329°\!.68 + 6°\!.1385025 d$	$+1°\!.145$
Venus		$160°\!.20 - 1°\!.4813688 d$	$+1°\!.436$
Mars		$176°\!.901 + 350°\!.8919830 d$	$+0°\!.620$
Jupiter	System I	$67°\!.1 + 877°\!.900 d$	$+1°\!.291$
	System II	$43°\!.3 + 870°\!.270 d$	$+1°\!.291$
	System III	$284°\!.695 + 870°\!.536 d$	$+1°\!.291$
Saturn	System I	$227°\!.2037 + 844°\!.300 d$	$-3°\!.470$
	System III	$38°\!.90 + 810°\!.7939024 d$	$-3°\!.470$
Uranus	System III	$203°\!.81 - 501°\!.1600928 d$	$+0°\!.564$
Neptun	System III	$253°\!.18 + 536°\!.3128492 d - 0°\!.48\sin(N)$	$+0°\!.662$
		$N = 357°\!.85 + 52°\!.316 T$	
Pluto		$236°\!.77 - 56°\!.3623195 d$	$+0°\!.413$

Dabei ist folgendes zu beachten:

- Zur Berechnung des Julianischen Datums ist anstelle der Weltzeit (UT) die Ephemeridenzeit (ET) beziehungsweise Terrestrische oder Baryzentrische Dynamische Zeit (TT, TDB) einzusetzen (siehe Abschn. 2.1 und 2.2).

- Aufgrund der Lichtlaufzeit ist W für den Zeitpunkt zu berechnen, an dem das Licht vom Planeten ausgesendet wird. Geht man davon aus, dass sich die Entfernung Erde–Planet (Δ) während der Lichtlaufzeit

nur unwesentlich verändert, dann liegt der Zeitpunkt der Lichtaussendung um $(499.005\,\mathrm{s}) \cdot (\Delta/\mathrm{AE})$ vor dem der Beobachtung.
Beide Punkte sind wegen der zum Teil sehr hohen Drehgeschwindigkeit der Planeten für eine genaue Rechnung unbedingt zu berücksichtigen (der Nullmeridian von Jupiter verschiebt sich in 50 s um etwa ein halbes Grad!)

Die Werte der Spalte W(J2000) beziehen sich auf die Lage des Erdäquators vom 1. Januar 2000, 12^h (J2000). Addiert man dazu den Wert ΔW, dann erhält man die auf den Erdäquator des jeweiligen Berechnungszeitpunkts bezogenen Werte, die für die spätere Rechnung benötigt werden. Für eine genaue Rechnung gilt:

$\sin(\Delta W) = -\sin(\theta)\sin(\alpha_0 + \zeta)/\cos(\delta_0')$

$\theta\quad = 2004\rlap{.}''311 \cdot T - 0\rlap{.}''427 \cdot T^2 - 0\rlap{.}''042 \cdot T^3$

$\zeta\quad = 2306\rlap{.}''218 \cdot T + 0\rlap{.}''302 \cdot T^2 + 0\rlap{.}''018 \cdot T^3$

$T\quad$ Äquinoktium in Jahrhunderten seit J2000
$\quad\quad T = (\mathrm{JD} - 2451545.0)/36525$
$\alpha_0\quad$ Rektaszension der Drehachse (Äquinoktium J2000)
$\delta_0'\quad$ Deklination der Drehachse (momentanes Äquinoktium)

Bei Jupiter und Saturn sind verschiedene Nullmeridiane im Gebrauch, da nicht alle Bänder mit der gleichen Geschwindigkeit rotieren:

System I   Rotation im Bereich des Äquators
System II   Rotation nördlich der Südkomponente des nördlichen Äquatorialbandes und südlich der Nordkomponente des südlichen Äquatorialbandes
System III Rotation von Radioemissionen

Auch bei der Sonne gibt es keine starre Rotation. Die angegebene Bewegung des Nullmeridians bezieht sich auf ungefähr 16° heliographische Breite. Für einen beliebigen Punkt der Breite B beträgt die tägliche siderische Bewegung einer empirischen Formel zufolge

$n = 14\rlap{.}°37 - 2\rlap{.}°60 \cdot \sin^2(B)$.

6.4.3 Positionswinkel der Achse

Der Winkel, den die Ebene durch die Rotationsachse und die Erde für den Beobachter mit der Nordrichtung einschließt, heißt Positionswinkel der Achse. Er wird – wie bei Positionswinkeln üblich – entgegen dem Uhrzeigersinn von Nord über Ost von 0° bis 360° gemessen. Winkel über 180° werden allerdings oft durch den entsprechenden negativen Wert ausgedrückt.

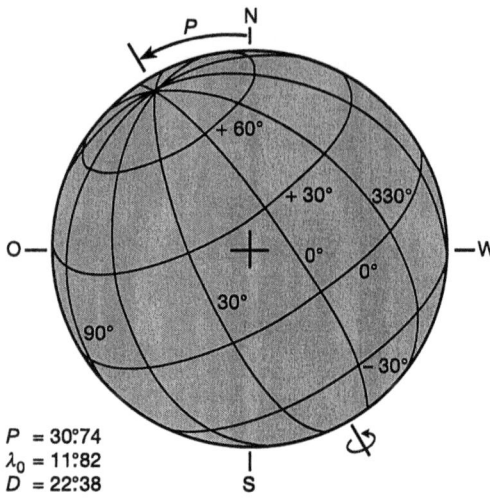

Abb. 6.5: Positionswinkel der Achse (Anblick des Mars am 5. April 1982)

$$\cos(D)\sin(P) = \cos(\delta_0)\sin(\alpha_0 - \alpha)$$
$$\cos(D)\cos(P) = \sin(\delta_0)\cos(\delta) - \cos(\delta_0)\sin(\delta)\cos(\alpha_0 - \alpha)$$

P Positionswinkel der Achse
α_0, δ_0 Koordinaten der Rotationsachse
α, δ Geozentrische äquatoriale Planetenkoordinaten

Da sich P üblicherweise auf die momentane Nordrichtung bezieht, sollten sich die übrigen Koordinaten entsprechend auf das momentane Äquinoktium beziehen.

Die Größe D bezeichnet die Deklination der Erde über dem Planetenäquator und wird hier nicht benötigt. Wegen $-90° \leq D \leq 90°$ gilt immer $\cos(D) \geq 0$.

6.4.4 Planetographische Koordinaten, Zentralmeridian

Analog zur geographischen Länge und Breite hat man auch für andere Planeten so genannte planetographische Koordinaten eingeführt:
- Die planetographische Breite φ gibt an, um welchen Winkel sich ein Punkt über den Äquator des Planeten erhebt. Sie wird von $-90°$ (Südpol) bis $+90°$ (Nordpol) gemessen.
- Die planetographische Länge gibt an, um welchen Winkel sich der Meridian durch den betrachteten Punkt vom Nullmeridian unterscheidet. λ wird von $0°$ bis $360°$ entgegen der Rotationsrichtung gemessen.

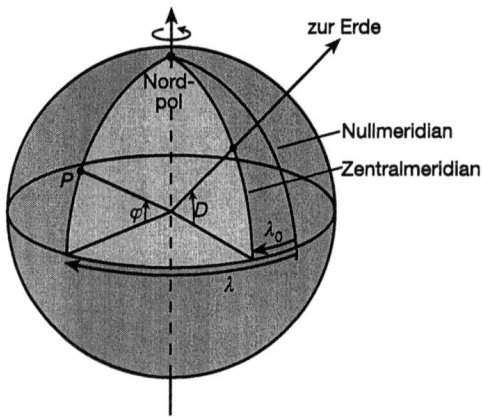

Abb. 6.6: Planetographische Koordinaten eines Punktes P auf der Planetenoberfläche

Von besonderem Interesse ist die Länge des so genannten Zentralmeridians, also des Meridians der in einer Ebene mit der Rotationsachse und der Erde auf der der Erde zugewandten Seite liegt. Er erscheint dem Beobachter als gerade Linie in der Mitte der Planetenscheibe.

Dazu berechnet man zuerst den Winkel K zwischen dem Schnittpunkt Erdäquator/Planetenäquator und dem Schnittpunkt Zentralmeridian/Planetenäquator (vgl. Abschn. 6.4.2). Die Differenz zwischen K und W ergibt dann die planetographische Länge des Zentralmeridians, wobei jedoch der Rotationssinn des Planeten zu beachten ist.

Daneben erhält man aus der nachstehenden Formel noch die planetographische Breite desjenigen Punktes der Planetenoberfläche, der auf der Verbindungslinie von Beobachter und Planetenmittelpunkt liegt, sozusagen die Deklination der Erde bezogen auf den Mittelpunkt und den Äquator des Planeten.

$$\cos(D)\sin(K) = -\cos(\delta_0)\sin(\delta) + \sin(\delta_0)\cos(\delta)\cos(\alpha_0-\alpha)$$
$$\cos(D)\cos(K) = +\cos(\delta)\sin(\alpha_0-\alpha)$$
$$\sin(D) = -\sin(\delta_0)\sin(\delta) - \cos(\delta_0)\cos(\delta)\cos(\alpha_0-\alpha)$$

$\lambda_0 = W - K$ falls $\dot{W} > 0$ (positiver Drehsinn, W wachsend)
$\lambda_0 = K - W$ falls $\dot{W} < 0$ (negativer Drehsinn, W fallend)

α_0, δ_0 Koordinaten der Rotationsachse
α, δ geozentrische äquatoriale Planetenkoordinaten
W Position des Nullmeridians
λ_0 planetographische Länge des Zentralmeridians
D planetographische Breite der Erde

λ_0 und D sind unabhängig vom Äquinoktium, das Äquinoktium der anderen Koordinaten muss aber übereinstimmen.

Anmerkung:

In einigen Fällen benötigt man auch die Länge des Meridians, der in einer Ebene mit der Sonne liegt, und die Breite des Punktes der Oberfläche, der auf einer Linie mit der Sonne und dem Planetenmittelpunkt liegt (kurz: planetographische Koordinaten der Sonne). Für ihre Berechnung lässt sich die obige Formel verwenden, wenn man statt der geozentrischen äquatorialen Koordinaten des Planeten die heliozentrischen äquatorialen Koordinaten einsetzt. Diese erhält man aus den üblichen ekliptikalen Koordinaten durch die in Abschn. 1.3.3 beschriebene Transformation. λ_0 bezeichnet dann die planetographische Länge und D die planetographische Breite der Sonne.

Erwähnt sei schließlich, dass es sich im Falle der Sonne eingebürgert hat, Längenmeridiane positiv in Rotationsrichtung zu zählen. Um die Länge des Zentralmeridians nach dieser Definition zu erhalten, ist in der obigen Formel λ_0 durch $360° - \lambda_0$ zu ersetzen. λ_0 nimmt dann im Lauf der Zeit ab.

6.5 Scheinbare Helligkeiten

Die scheinbare Helligkeit eines Planeten hängt in erster Linie von seiner Entfernung von Sonne und Erde ab:

$$m = m_0 + 5 \cdot \log_{10}\left(\frac{r \cdot \Delta}{\text{AE}^2}\right)$$

m	scheinbare Helligkeit
m_0	scheinbare Helligkeit bei $r = \Delta = 1\,\text{AE}$
r	Entfernung Sonne–Planet
Δ	Entfernung Erde–Planet

Die Einheitshelligkeit m_0 ist allerdings noch von einigen anderen Parametern abhängig. Im Allgemeinen genügt es dabei, die Phase des Planeten zu berücksichtigen, nur bei Saturn benötigt man noch Angaben über die planetographischen Koordinaten von Sonne und Erde.

Merkur $\quad m_0 = -0^{\text{m}}\!42 + 3^{\text{m}}\!80 \cdot \left(\dfrac{i}{100°}\right) - 2^{\text{m}}\!73 \cdot \left(\dfrac{i}{100°}\right)^2 + 2^{\text{m}}\!00 \cdot \left(\dfrac{i}{100°}\right)^3$

Venus $\quad m_0 = -4^{\text{m}}\!40 + 0^{\text{m}}\!09 \cdot \left(\dfrac{i}{100°}\right) + 2^{\text{m}}\!39 \cdot \left(\dfrac{i}{100°}\right)^2 - 0^{\text{m}}\!65 \cdot \left(\dfrac{i}{100°}\right)^3$

Mars $\quad m_0 = -1^{\text{m}}\!52 + 1^{\text{m}}\!60 \cdot \left(\dfrac{i}{100°}\right)$

Jupiter $\quad m_0 = -9^{\text{m}}\!40 + 0^{\text{m}}\!50 \cdot \left(\dfrac{i}{100°}\right)$

Saturn $\quad m_0 = -8^{\text{m}}\!88 - 2^{\text{m}}\!60 \cdot |\sin D| + 1^{\text{m}}\!25 \cdot |\sin D|^2 + 4^{\text{m}}\!40 \cdot \left|\dfrac{\Delta\lambda}{100°}\right|$

Uranus $\quad m_0 = -7^{\text{m}}\!19$

Neptun $\quad m_0 = -6^{\text{m}}\!87$

Pluto $\quad m_0 = -1^{\text{m}}\!0$

m_0	scheinbare Helligkeit für $R = \Delta = 1\,\text{AE}$
i	Phasenwinkel
D	planetographische Breite der Erde (nur bei Saturn)
$\Delta\lambda$	Positive Differenz der planetographischen Längen von Sonne und Erde ($0 \leq \Delta\lambda \leq 180°$). In erster Näherung kann $\Delta\lambda$ durch den Betrag des Phasenwinkels ersetzt werden.

Rechenbeispiele zu Kapitel 6

Berechnet werden sollen die physischen Ephemeriden des Planeten Mars am 7. Dezember 2001 um 0^h UT (JD 2 452 250.5). Dem Jahrbuch wird ein geschätzter Wert für die Differenz zwischen Welt- und Terrestrischer Zeit (bzw. Ephemeridenzeit) entnommen:

$$TT = UT + 65\overset{s}{.}0 \quad .$$

Damit erhält man für das Julianische Datum des Berechnungszeitpunktes:

$$JD(TT) = 2452250.500752 \quad .$$

Ferner findet man mit Hilfe des Jahrbuchs und der Transformationsformeln des ersten Kapitels für den angegebenen Termin die folgenden Größen:

	Sonne geozentrisch	Mars geozentrisch	Mars heliozentrisch
ekliptikale Länge	254°.95	328°.62	11°.00
ekliptikale Breite	0°.00	−1°.23	−1°.15
Rektaszension	253°.66	331°.21	10°.56
Deklination	−22°.59	−13°.11	3°.29
Enfernung	0.9852 AE	1.3135 AE	1.4030 AE

Diese und alle weiteren verwendeten Koordinaten beziehen sich auf das Äquinoktium des Datums.

In der Reihenfolge der Formeln in diesem Kapitel ergeben die einzelnen Rechenschritte:

Zu 6.1: Durchmesser

$$\varnothing = 7\overset{''}{.}12 \quad .$$

Zu 6.2: Elongation und Positionswinkel der Sonne

$$\begin{aligned}
\sin\theta \sin E &= \cos(90°-\theta)\cos(90°-E) = -0.9016 \\
\cos\theta \sin E &= \sin(90°-\theta)\cos(90°-E) = -0.3289 \\
\cos E &= \sin(90°-E) = +0.2811 \quad .
\end{aligned}$$

Durch die Einführung der Winkel $90°-\theta$ und $90°-E$ kann man zur Auflösung die Gleichungen in Abschn. 1.1 verwenden.

$$\begin{aligned}
90°-\theta &= -159°.95 & \theta &= 249°.95 \\
90°-E &= 16°.32 & E &= 73°.68 \quad .
\end{aligned}$$

Zu 6.3.1: Phasenwinkel

(a) $\cos E = +0.2811 \quad E = 73°68$
$\cos \sigma = +0.4390 \quad \sigma = 63°96$
$i \quad = \quad 42°37$

(b) $\cos i = +0.7388 \quad i = 42°37$.

Zu 6.3.2: Phase

$k = 0.87$.

Zu 6.3.3: Beleuchtungsdefekt

$d = 0''\!.9$.

Zu 6.4.1: Lage der Rotationsachse

Bei einer Entfernung von 1.3135 AE benötigt das Licht rund 655^s vom Mars zur Erde. Die Rotationselemente werden entsprechend für den Zeitpunkt der Lichtaussendung (6. Dezember 2001 $23^h 50^m 10^s$ TT) berechnet:

$T = +705.493166/36525 = +0.01931535$
$\alpha_0 = 317°68 - 0°00 + 0°02 = 317°69$
$\delta_0 = 52°89 - 0°00 + 0°01 = 52°89$.

Zu 6.4.2: Lage des Nullmeridians

$d = +705.493166$
$W = 176°90 + 247551°90 + 0°01$
$\quad = 247728°81 = 48°81$.

Zu 6.4.3: Positionswinkel der Achse

$\cos D \cos P = +0.9098 \qquad \cos D = 0.9206$
$\cos D \sin P = -0.1410 \qquad P \quad = -8°81 = 351°19$.

Zu 6.4.4: Planetographische Koordinaten, Zentralmeridian

$\cos D \cos K = -0.2276 \qquad K = 104°31$
$\cos D \sin K = +0.8921 \qquad D = -22°98$
$\sin D \quad = -0.3904$.

Der Rotationssinn ist positiv ($\dot{W} = 350°892/\text{d} > 0$). Damit folgt:

$\lambda_0 = 304.50$.

Setzt man für α und δ statt der geozentrischen Marskoordinaten die heliozentrischen Marskoordinaten ein, dann ergibt sich

$\cos D' \cos K' = -0.7959 \qquad K' = 150.73$
$\cos D' \sin K' = +0.4460 \qquad D' = -24.16$
$\sin D' \quad = -0.4094 \qquad \lambda'_0 = 258°07$.

λ'_0 und D' sind die planetographische Länge und Breite des Punktes der Marsoberfläche, der die Sonne im Zenit steht.

Zu 6.5: Scheinbare Helligkeit

$m_0 = -0\overset{m}{.}84$
$m\ = +0\overset{m}{.}49$.

Anhang

A.1 Grundformeln zur Berechnung sphärischer Dreiecke

Gegeben sei ein sphärisches Dreieck mit den Seiten a, b, c und den entsprechenden gegenüberliegenden Winkeln α, β und γ. Dann gelten die Beziehungen:

Sinussatz

$$\frac{\sin a}{\sin \alpha} = \frac{\sin b}{\sin \beta} = \frac{\sin c}{\sin \gamma}$$

Seitencosinussatz

$$\cos c = \cos a \cdot \cos b + \sin a \cdot \sin b \cdot \cos \gamma$$

Winkelcosinussatz

$$\cos \gamma = \sin \alpha \cdot \sin \beta \cdot \cos c - \cos \alpha \cdot \cos \beta$$

Sinus-Cosinussatz

$$\sin a \cdot \cos \beta = \cos b \cdot \sin c - \sin b \cdot \cos c \cdot \cos \alpha$$
$$\sin \alpha \cdot \cos b = \cos \beta \cdot \sin \gamma + \sin \beta \cdot \cos \gamma \cdot \cos a$$

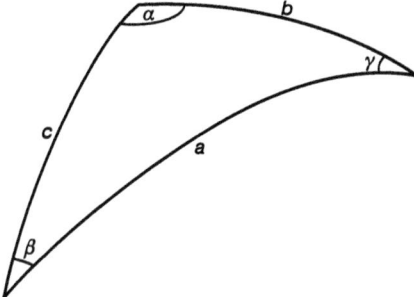

Abb. A.1: Verbindet man drei Punkte auf einer Kugeloberfläche durch Großkreise, so erhält man ein sphärisches Dreieck. Es wird beschrieben durch die Winkel a, b und c, unter denen die Eckpunkte vom Kugelmittelpunkt aus erscheinen (kurz »Seiten«) und die Winkel α, β und γ unter denen sich die Großkreise in den Eckpunkten schneiden.

A.2 Aufstellung von Transformationsformeln über Drehmatrizen

Die im ersten Kapitel vorgestellten Transformationsformeln zwischen den verschiedenen Koordinatensystemen können außer über sphärische Dreiecke auch über Drehungen der Koordinatenachsen abgeleitet werden. Dieses Verfahren ist im Allgemeinen durchsichtiger und liefert sofort alle drei Gleichungen, die für eine eindeutige Transformation benötigt werden. Im Allgemeinen genügt es, Drehungen zu betrachten, bei denen eine Koordinatenachse erhalten bleibt.

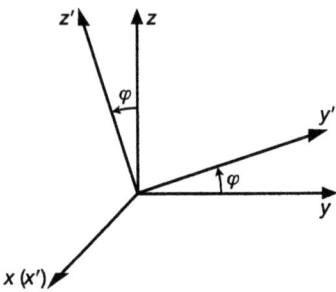

Abb. A.2: Drehung eines Koordinatensystems um die x-Achse

Gegeben seien zwei Koordinatensysteme mit gemeinsamen Ursprung und gemeinsamer $x(x')$-Achse. Die y'-Achse gehe aus der y-Achse durch eine Drehung um den Winkel φ um die $x(x')$-Achse hervor. Der Drehsinn entspricht wie in der Abbildung angegeben dem einer Rechtsschraube in x-Richtung. Betrachtet man nur die y-z-Ebene, dann ergeben sich für die Punkte $(1,0)$ und $(0,1)$ im y'-z'-System die Koordinaten

y-z-System: $\begin{pmatrix} 1 \\ 0 \end{pmatrix} \quad \begin{pmatrix} 0 \\ 1 \end{pmatrix}$

y'-z'-System: $\begin{pmatrix} +\cos\varphi \\ -\sin\varphi \end{pmatrix} \quad \begin{pmatrix} +\sin\varphi \\ +\cos\varphi \end{pmatrix}$.

Ein beliebiger Punkt hat deshalb die Darstellungen

y-z-System: $\begin{pmatrix} 1 \\ 0 \end{pmatrix} \cdot y + \begin{pmatrix} 0 \\ 1 \end{pmatrix} \cdot z$

y'-z'-System: $\begin{pmatrix} +\cos\varphi \\ -\sin\varphi \end{pmatrix} \cdot y + \begin{pmatrix} +\sin\varphi \\ +\cos\varphi \end{pmatrix} \cdot z$.

Berücksichtigt man auch die x-Komponente der Ortskoordinaten, dann

A.2 Aufstellung von Transformationsformeln über Drehmatrizen

erhält man die Gleichungen

$$\begin{pmatrix} x' \\ y' \\ z' \end{pmatrix} = \begin{pmatrix} 1 \cdot x + & 0 \cdot y + & 0 \cdot z \\ 0 \cdot x + \cos\varphi \cdot y + \sin\varphi \cdot z \\ 0 \cdot x - \sin\varphi \cdot y + \cos\varphi \cdot z \end{pmatrix} = \begin{pmatrix} 1 & 0 & 0 \\ 0 & +\cos\varphi & +\sin\varphi \\ 0 & -\sin\varphi & +\cos\varphi \end{pmatrix} \cdot \begin{pmatrix} x \\ y \\ z \end{pmatrix}.$$

Die Umkehrung ergibt sich, indem man den Winkel φ durch den Winkel $-\varphi$ ersetzt, da das (x, y, z)-System durch eine Drehung um eben diesen Wert aus dem (x', y', z')-System hervorgeht:

$$\begin{pmatrix} x \\ y \\ z \end{pmatrix} = \begin{pmatrix} 1 & 0 & 0 \\ 0 & +\cos\varphi & -\sin\varphi \\ 0 & +\sin\varphi & +\cos\varphi \end{pmatrix} \cdot \begin{pmatrix} x' \\ y' \\ z' \end{pmatrix}.$$

Dabei wurden die Identitäten $\sin(-\varphi) = -\sin(\varphi)$ und $\cos(-\varphi) = \cos(\varphi)$ benutzt. Man erkennt, dass die beiden Matrizen durch Spiegelung an der Hauptdiagonalen auseinander hervorgehen. Dieser Zusammenhang zwischen Hin- und Rücktransformation gilt auch bei Drehungen, bei denen nicht eine Achse festgehalten wird.

Als Beispiel soll die Transformation zwischen äquatorialen und ekliptikalen Koordinaten (vgl. Abschn. 1.3.3) behandelt werden. Bezeichnet man die ekliptikalen Koordinaten mit gestrichenen Größen, dann gilt nach den Definitionen des ersten Kapitels

$$\begin{aligned} x &= \Delta \cdot \cos(\delta) \cos(\alpha) & x' &= \Delta \cdot \cos(\beta) \cos(\lambda) \\ y &= \Delta \cdot \cos(\delta) \sin(\alpha) & y' &= \Delta \cdot \cos(\beta) \sin(\lambda) \\ z &= \Delta \cdot \sin(\delta) & z' &= \Delta \cdot \sin(\beta) \end{aligned}.$$

Die Richtung zum Frühlingspunkt ist dabei die gemeinsame $x(x')$-Achse der beiden Systeme. Die Ekliptik ist um den Winkel ε (Ekliptikschiefe) gegen den Äquator geneigt. Damit geht die y'-Achse durch eine Drehung um ε im Rechtsschraubensinn aus der y-Achse hervor. Daher können die obigen Formeln direkt verwendet werden, wobei ε anstelle von φ einzusetzen ist. Ersetzt man die kartesischen Koordinaten durch die angegebenen Polarkoordinaten und kürzt die gemeinsame Entfernung Δ, dann erhält man die gewünschten Transformationsgleichungen

$$\begin{aligned} \cos(\delta) \cos(\alpha) &= +\cos(\beta) \cos(\lambda) \\ \cos(\delta) \sin(\alpha) &= +\cos(\varepsilon) \cos(\beta) \sin(\lambda) - \sin(\varepsilon) \sin(\beta) \\ \sin(\delta) &= +\sin(\varepsilon) \cos(\beta) \sin(\lambda) + \cos(\varepsilon) \sin(\beta) \end{aligned}$$

und

$$\begin{aligned}
\cos(\beta)\cos(\lambda) &= +\cos(\delta)\cos(\alpha) \\
\cos(\beta)\sin(\lambda) &= +\cos(\varepsilon)\cos(\delta)\sin(\alpha) + \sin(\varepsilon)\sin(\delta) \\
\sin(\beta) &= -\sin(\varepsilon)\cos(\delta)\sin(\alpha) + \cos(\varepsilon)\sin(\delta) \quad .
\end{aligned}$$

A.3 Ableitung der Kegelschnittsgleichungen

Für das Skalarprodukt zweier Vektoren a und b gilt die Beziehung

$$a \cdot b = a_1 b_1 + a_2 b_2 + a_3 b_3 = |a| \cdot |b| \cdot \cos\varphi \quad ,$$

wobei (a_1, a_2, a_3) und (b_1, b_2, b_3) die Komponenten der beiden Vektoren in einem rechtwinkligen Koordinatensystem und φ der von a und b eingeschlossene Winkel ist. Da die Mantellinie, die einen Punkt auf der Oberfläche eines Kegels mit dessen Spitze verbindet, unabhängig von der Wahl dieses Punktes einen festen Winkel mit der Kegelachse einschließt, kann man den Kegel als die Menge aller Punkte x ansehen, die die nachstehende Bedingung erfüllen:

$$\frac{(x-s) \cdot n}{|x-s|} = c = \cos\gamma \quad . \tag{A.1}$$

Dabei ist n der Einheitsvektor in Richtung der Kegelachse ($|n| = 1$), s die Spitze des Kegels und γ der halbe Öffnungswinkel. Betrachtet man die Schnittfigur des Kegels mit einer Ebene, dann kann man ohne Einschränkung sein Koordinatensystem so wählen, dass die Schnittebene die x-y-Ebene darstellt und dass der Vektor n ganz in der x-z-Ebene liegt. Ursprung des Koordinatensystems sei ferner der Schnittpunkt des Kegels mit der x-Achse, der der Spitze des Kegels am nächsten liegt. Unter den genannten Voraussetzungen erhält man dann die folgende Anordnung:

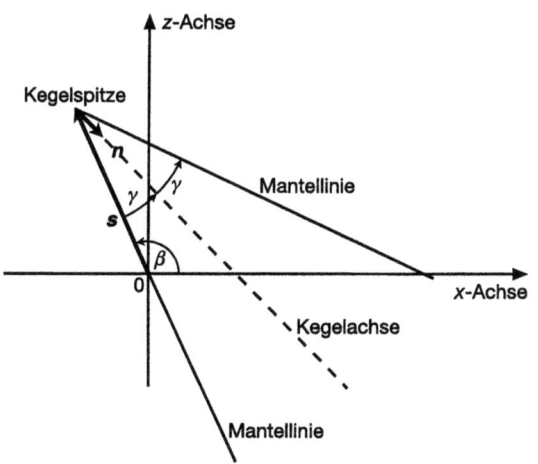

Abb. A.3: Schnitt eines Kegels mit der x-y-Ebene

Für s und n gelten aufgrund dieser Annahmen die Darstellungen

$$s = \begin{pmatrix} s_1 \\ 0 \\ s_3 \end{pmatrix} = \begin{pmatrix} s \cdot \cos\beta \\ 0 \\ s \cdot \sin\beta \end{pmatrix} \qquad n = \begin{pmatrix} e_1 \\ 0 \\ e_3 \end{pmatrix}$$

sowie die Beziehung

$$s \cdot n = s_1 e_1 + s_3 e_3 = s \cdot \cos(180° - \gamma) = -sc$$

mit $c = \cos\gamma$. Quadrieren der Gleichung (A.1) liefert für die Punkte des Kegelmantels:

$$[(x - s) \cdot n]^2 = c^2 \cdot (x - s)^2$$
$$(xn)^2 - 2(xn)(sn) + (sn)^2 = c^2 \cdot x^2 - 2c^2 \cdot (xs) + c^2 \cdot s^2 \quad .$$

Punkte $x = (x, y, z,)$ die gleichzeitig in der x-y-Ebene liegen ($z = 0$), erfüllen damit die Beziehung:

$$(xe_1)^2 - 2(xe_1)(sn) + (sn)^2 = c^2 \cdot (x^2 + y^2) - 2c^2 \cdot xs_1 + c^2 s^2$$
$$x^2 e_1^2 + 2xe_1 sc + (-cs)^2 = c^2 x^2 + c^2 y^2 - 2c^2 xs_1 + c^2 s^2$$
$$x^2 e_1^2 + 2(e_1 sc + s_1 c^2) \cdot x = c^2 x^2 + c^2 y^2$$
$$y^2 = 2\left(s_1 + s\frac{e_1}{c}\right) x - \left(1 - \frac{e_1^2}{c^2}\right) x^2 \quad .$$

Führt man die Abkürzungen

$$e = \frac{e_1}{c} \qquad \text{(Exzentrizität)}$$

und

$$p = s_1 + se \qquad \text{(Parameter)}$$

ein, dann folgt daraus die Kegelschnittsgleichung in Scheitelpunktsform:

$$y^2 = 2px - (1 - e^2)x^2 \quad . \tag{A.2}$$

Da zur Herleitung dieser Beziehung die Bedingung (A.1) quadriert wurde, kann (A.2) auch Lösungen haben, die (A.1) nicht erfüllen. Unter der Einschränkung $x \geq 0$ sind beide Gleichungen äquivalent. Im Falle $e > 1$ beschreibt (A.2) zusätzlich die Schnittpunkte zwischen der x-y-Ebene und der rückwärtigen Verlängerung des Kegels zu einem Doppelkegel.

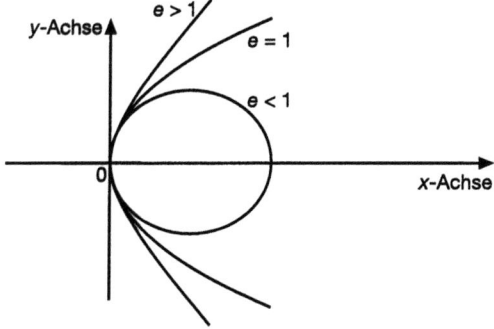

Abb. A.4: Kegelschnitte in Scheitelpunktsform

Verlegt man den Ursprung des Koordinatensystems um die Strecke $p/(1+e)$ in Richtung der positiven x-Achse und dreht das Koordinatensystem anschließend um $180°$, dann lauten die neuen Koordinaten eines Punktes

$$x' = \frac{p}{1+e} - x$$
$$y' = -y$$

und (A.2) schreibt sich als

$$(y')^2 = 2p\left(\frac{p}{1+e} - x'\right) - (1-e^2)\cdot\left(\frac{p}{1+e} - x'\right)^2$$

Führt man die Polarkoordinaten r und v über die Beziehung

$$x' = r\cdot\cos v \quad \text{und} \quad y' = r\cdot\sin v$$

ein, dann erhält man durch Einsetzen und Ausmultiplizieren

$$r^2 = p^2 - 2epr\cos v + e^2 r^2 \cos^2 v$$
$$r^2 = (p - er\cos v)^2$$
$$p = r\cdot(1 + e\cos v)$$

$$r = \frac{p}{1 + e\cos v} \tag{A.3}$$

Gleichung (A.3) wird als Kegelschnittsgleichung in Brennpunktsform bezeichnet, der hier gewählte Ursprung als Brennpunkt. Der Parameter p erhält damit anschaulich die Bedeutung der Entfernung vom Brennpunkt für den Winkel $v = 90°$.

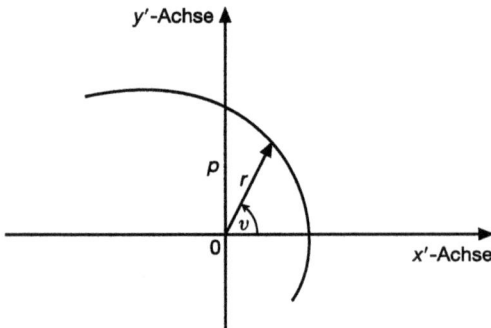

Abb. A.5: Kegelschnittsgleichung in Brennpunktsform

Eine weitere Darstellung von (A.2) erhält man für $e \neq 1$, wenn man den Ursprung des Koordinatensystems um $p/(1 - e^2)$ verschiebt:

$$x'' = x - \frac{p}{1 - e^2}$$
$$y'' = y \quad .$$

Dann folgt durch Einsetzen in (A.2)

$$(y'')^2 \cdot (1 - e^2) + (x'')^2 \cdot (1 - e^2)^2 = p^2 \quad .$$

Führt man die (positiven) Größen a (große Halbachse) und b (kleine Halbachse) über die Gleichungen

$$a^2 = \frac{p^2}{(1 - e^2)^2}$$
$$b^2 = \frac{p^2}{1 - e^2} \quad \text{für} \quad 0 \leq e < 1$$
$$b^2 = \frac{-p^2}{1 - e^2} \quad \text{für} \quad e > 1$$

ein, dann ergibt dies die Kegelschnittsgleichung in Mittelpunktsform:

$$\left(\frac{x''}{a}\right)^2 \pm \left(\frac{y''}{b}\right)^2 = 1 \quad (+ : e < 1; \; - : e > 1) \qquad (A.4)$$

Hierbei ist zu beachten, dass Lösungen für negative x-Werte für $e > 1$ aus dem Schnitt der rückwärtigen Verlängerung des Kegels mit der x-y-Ebene entstehen. Für $e = 1$ hat (A.2) bereits die einfachste Gestalt:

$$y^2 = 2 \cdot p \cdot x \quad .$$

A.4 Ableitung der Gesetze der Zweikörperbewegung

Betrachtet wird die Bewegung zweier Körper der Massen m und M, die sich an den Orten x_m und x_M befinden. Aus den Newtonschen Gesetzen folgen dann die zwei Bewegungsgleichungen

$$\begin{aligned}\boldsymbol{F}_m &= m \cdot \ddot{\boldsymbol{x}}_m = +G \cdot \frac{M \cdot m}{r^2} \cdot \frac{\boldsymbol{x}_M - \boldsymbol{x}_m}{r} \\ \boldsymbol{F}_M &= M \cdot \ddot{\boldsymbol{x}}_M = -G \cdot \frac{M \cdot m}{r^2} \cdot \frac{\boldsymbol{x}_M - \boldsymbol{x}_m}{r}\end{aligned} \qquad (A.5)$$

Dabei ist $\boldsymbol{F}$ die Kraft auf den jeweiligen Körper, G die Gravitationskonstante und

$$r = |\boldsymbol{x}_M - \boldsymbol{x}_m|$$

der gegenseitige Abstand. Der Vektor $(\boldsymbol{x}_M - \boldsymbol{x}_m)/r$ hat die Länge Eins und berücksichtigt, dass die Kraft entlang der Verbindungslinie der beiden Körper wirkt.

A.4.1 Mathematische Hilfsmittel

Die Knappheit der folgenden Herleitung ist nur durch die kompakte Schreibweise unter Verwendung von Kreuz- und Skalarprodukten möglich. Um deren Kenntnis nicht unbedingt vorauszusetzen, seien hier die wichtigsten Rechenregeln aufgeführt.

Skalarprodukt

$$\boldsymbol{a} \cdot \boldsymbol{b} = a_1 b_1 + a_2 b_2 + a_3 b_3 \qquad (A.6)$$

Kreuzprodukt

$$\boldsymbol{a} \times \boldsymbol{b} = \begin{pmatrix} a_2 \cdot b_3 - b_2 \cdot a_3 \\ a_3 \cdot b_1 - b_3 \cdot a_1 \\ a_1 \cdot b_2 - b_1 \cdot a_2 \end{pmatrix} \qquad (A.7)$$

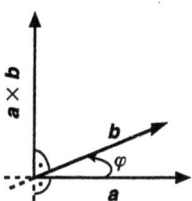

Abb. A.6: Der Vektor $\boldsymbol{a} \times \boldsymbol{b}$ steht senkrecht auf $\boldsymbol{a}$ und $\boldsymbol{b}$

Vertauschung

$$b \cdot a = a \cdot b \tag{A.8}$$

$$b \times a = -a \times b \tag{A.9}$$

$$a \times a = 0 \tag{A.10}$$

Gemischte Produkte

$$a \times (b \times c) = b \cdot (a \cdot c) - c \cdot (a \cdot b) \tag{A.11}$$

$$a \cdot (b \times c) = b \cdot (c \times a) = c \cdot (a \times b) \tag{A.12}$$

Zeitliche Änderung

$$\frac{d}{dt}(a \cdot b) = \dot{a} \cdot b + a \cdot \dot{b} \tag{A.13}$$

$$\frac{d}{dt}(a \times b) = \dot{a} \times b + a \times \dot{b} \tag{A.14}$$

A.4.2 Schwerpunktsatz und Übergang ins Relativsystem

Addiert man die beiden Bewegungsgleichungen (A.5), dann folgt

$$m \cdot \ddot{x}_m + M \cdot \ddot{x}_M = 0 \quad .$$

Da nach Definition der Ort des Schwerpunktes durch

$$S = \frac{m \cdot x_m + M \cdot x_M}{m + M} \tag{A.15}$$

gegeben ist, gilt somit $\ddot{S} = 0$. Die Bewegung des Schwerpunktes erfolgt also unbeschleunigt. Durch Integration erhält man hieraus

$$\begin{aligned}\dot{S} &= a \\ S &= a \cdot t + b \quad .\end{aligned} \tag{A.16}$$

Dabei sind a und b durch den Anfangszustand des Systems bestimmte Konstanten. Definiert man den Positionsvektor

$$r = x_m - x_M \quad , \tag{A.17}$$

dann folgt aus (A.5) für die Relativbewegung beider Massen die Bewegungsgleichung

$$\begin{aligned}\ddot{r} &= +\frac{G}{r^3} \cdot M \cdot (x_M - x_m) + \frac{G}{r^3} \cdot m \cdot (x_M - x_m) \\ &= -G(M+m) \cdot \frac{r}{r^3} \quad .\end{aligned} \tag{A.18}$$

Verlegt man nun den Ursprung seines Koordinatensystems in den Schwerpunkt, dann folgt aus (A.15) wegen $S = 0$ die Beziehung

$$m \cdot x_m + M \cdot x_M = 0 \quad .$$

Durch Einsetzen von (A.17) erhält man hieraus

$$x_m = \frac{M}{m+M} \cdot r \qquad x_M = \frac{-m}{m+M} \cdot r \quad . \tag{A.19}$$

Aufgrund dieser beiden Gleichungen ist das Zweikörperproblem auf das so genannte Einkörperproblem reduziert. Hat man aus (A.18) die Bahn von r bestimmt, dann sind sofort auch x_m und x_M bekannt. Ferner kann man (A.19) entnehmen, dass m und M ähnliche Bahnen um den Schwerpunkt ausführen, da beide Körper auf einer Geraden durch den Schwerpunkt liegen und das Verhältnis der Schwerpunktsentfernungen gleich dem konstanten Massenverhältnis ist.

A.4.2.1 Drehimpulssatz und Flächensatz

Multipliziert man (A.18) von links vektoriell mit r, dann folgt wegen (A.10):

$$r \times \ddot{r} = -G(M+m) \cdot \frac{r \times r}{r^3} = 0 \quad .$$

Andererseits gilt

$$\frac{d}{dt}(r \times \dot{r}) \underset{(A.14)}{=} r \times \ddot{r} + \dot{r} \times \dot{r} \underset{(A.10)}{=} r \times \ddot{r} + 0 = 0 \quad .$$

Die Integration dieser Gleichung liefert die Beziehung

$$r \times \dot{r} = C \quad . \tag{A.20}$$

Darin ist C eine durch die Anfangsbedingungen festgelegte Integrationskonstante. Gleichung (A.20) lässt sich folgendermaßen interpretieren: es gibt einen zeitlich unveränderlichen Vektor C, der in jedem Moment senkrecht auf r und $\dot{r}$ steht, mit anderen Worten, die Bewegung

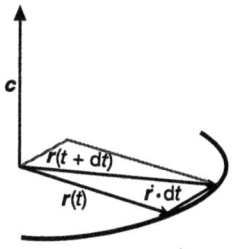

Abb. A.7: Die vom Radiusvektor in der Zeit dt überstrichene Fläche ist gleich der halben Parallelogrammfläche

muss in einer festen Ebene erfolgen. Ferner stellt $|r \times (\dot{r} \cdot dt)|$ die Fläche des von den Vektoren r und $\dot{r} \cdot dt$ aufgespannten Parallelogramms dar, die gleich der doppelten von r in der Zeit dt überstrichenen Fläche ist. Wegen

$$|r \times \dot{r} \cdot dt| = |C| \cdot dt$$

ist daher auch die vom Radiusvektor in gleichen Zeiträumen überstrichene Fläche konstant (2. Keplersches Gesetz).

A.4.3 Bahnform und Energiesatz

Aus (A.20) folgt durch vektorielle Multiplikation mit $\ddot{r}$

$$\begin{aligned}
C \times \ddot{r} &\underset{(A.18)}{=} -\frac{G(M+m)}{r^3} \cdot (C \times r) \\
&= -\frac{G(M+m)}{r^3} \cdot ((r \times \dot{r}) \times r) \\
&\underset{(A.11)}{=} -\frac{G(M+m)}{r^3} \cdot (\dot{r} \cdot (r \cdot r) - r \cdot (r \cdot \dot{r}))
\end{aligned}$$

Mit $r \cdot \dot{r} = r \cdot \dot{r}$ und

$$\begin{aligned}
\frac{d}{dt}\left(\frac{r}{r}\right) &= r\frac{d}{dt}\left(\frac{1}{r}\right) + \frac{1}{r} \cdot \frac{d}{dt}r = r \cdot \left(-\frac{1}{r^2} \cdot \dot{r}\right) + \frac{1}{r} \cdot \dot{r} \\
&= \frac{1}{r^3} \cdot (\dot{r} \cdot (r \cdot r) - r \cdot (r \cdot \dot{r}))
\end{aligned}$$

gilt damit

$$C \times \ddot{r} = -G(M+m)\frac{d}{dt}\left(\frac{r}{r}\right) \quad .$$

Integration mit $-A$ als Integrationskonstante liefert daraus die Beziehung

$$C \times \dot{r} = -G(M+m) \cdot \frac{r}{r} - A \quad . \tag{A.21}$$

Wegen

$$C \cdot (C \times \dot{r}) \underset{(A.12; A.10)}{=} 0 = -G(M+m)\frac{1}{r}(C \cdot r) - (C \cdot A) = -C \cdot A$$

steht A senkrecht auf C, liegt also in der Bahnebene. Multipliziert man (A.21) mit r, dann erhält man

$$\begin{aligned}
((C \times \dot{r}) \cdot r) &\underset{(A.12)}{=} ((\dot{r} \times r) \cdot C) = (-C \cdot C) = -C^2 \\
&= -G(M+m)\frac{1}{r}(r \cdot r) - A \cdot r \quad ,
\end{aligned}$$

oder, mit v als Winkel zwischen A und r

$$C^2 = G(M+m) \cdot r + A \cdot r \cdot \cos v \quad .$$

Definiert man nun die Größen p (Bahnparameter) und e (Exzentrizität) als

$$p = \frac{C^2}{G(M+m)} \qquad e = \frac{A}{G(M+m)}$$

dann folgt

$$p = r \cdot (1 + e \cdot \cos v)$$
$$r = \frac{p}{1 + e \cdot \cos v} \quad . \tag{A.22}$$

Die Bahn wird also durch einen Kegelschnitt der Exzentrizität e und des Parameters p beschrieben. Die Symmetrieachse des Kegelschnitts (Apsidenlinie) wird durch die Richtung von A bestimmt, die Form (Exzentrizität) des Kegelschnitts durch den Betrag von A. In Richtung von A ist v gleich Null und r minimal (Perihel).

Da $\dot{r}$ senkrecht auf C steht (vgl. Abb. A.7), gilt mit $|\dot{r}| = v$ (Geschwindigkeit)

$$\begin{aligned}|C \times \dot{r}|^2 &= C^2 \cdot |\dot{r}|^2 = C^2 \cdot v^2 \\ &\underset{(A.21)}{=} \left(G(M+m) \cdot \frac{r}{r}\right)^2 + 2 \cdot G(M+m)(A \cdot \frac{r}{r}) + A^2 \\ &= (G(M+m))^2 \cdot \left(1 + 2 \cdot e \cdot \cos v + e^2\right) \quad .\end{aligned}$$

Daraus erhält man nach Division beider Seiten durch C^2 die Beziehung

$$v^2 = G(M+m)\frac{1}{p}\left(2(1+e\cos v) + (e^2 - 1)\right) \quad .$$

Verwendet man den für Kegelschnitte geltenden Zusammenhang

$$\frac{p}{a} = 1 - e^2$$

zwischen großer Halbachse und Parameter, dann folgt schließlich der so genannte vis-viva-Satz

$$v^2 = G(M+m)\left(\frac{2}{r} - \frac{1}{a}\right) \quad . \tag{A.23}$$

Für Hyperbeln wird a hier negativ verwendet, für Parabeln ist $1/a$ gleich Null.

Man beachte, dass der vis-viva-Satz nicht mit dem Energiesatz identisch ist. Letzterer besagt, dass die Summe aus potentieller und kinetischer Energie im Schwerpunktssystem oder jedem anderen gleichförmig bewegten Bezugssystem konstant ist. Der vis-viva-Satz hingegen ist eine entsprechende Formulierung bezogen auf Ort und Geschwindigkeit einer Masse im System der anderen. Aufgrund der Ähnlichkeit der Bahnen (A.19) lässt sich jedoch die Äquivalenz beider Aussagen zeigen.

A.4.4 Zeitabhängigkeit der Bewegung

Parabel

Wegen $e = 1$ gilt $1/a = 0$. Wählt man die Bahnebene als x-y-Ebene und legt die x-Achse in Perihelrichtung dann gilt wegen (A.20) die einfache Beziehung

$$C = x \cdot \dot{y} - y \cdot \dot{x} \ .$$

Ersetzt man darin

$$\begin{aligned} x &= r \cdot \cos v & \dot{x} &= -r \cdot \sin v \cdot \dot{v} + \dot{r} \cdot \cos v \\ y &= r \cdot \sin v & \dot{y} &= +r \cdot \cos v \cdot \dot{v} + \dot{r} \cdot \sin v \end{aligned} \qquad (A.24)$$

Dann erhält man die Gleichung

$$C = r^2 \cdot \dot{v} \ . \qquad (A.25)$$

Andererseits war nach Definition des Bahnparameters

$$C = \sqrt{G(M+m)p} \ .$$

Unter Verwendung der Kegelschnittsgleichung (mit $e = 1$) erhält man

$$\begin{aligned} \frac{dv}{dt} = \frac{C}{r^2} &= \frac{\sqrt{G(M+m)p}}{p^2} (1 + \cos v)^2 \\ &= \sqrt{\frac{G(M+m)}{p^3}} \cdot (2 \cdot \cos^2 \frac{v}{2})^2 \end{aligned}$$

oder

$$\frac{1}{2} \frac{dv}{dt} \cdot \frac{1}{\cos^4 \frac{v}{2}} = 2\sqrt{\frac{G(M+m)}{p^3}} \ .$$

Diese Differentialgleichung kann durch die Verwendung des folgenden Integrals gelöst werden:

$$\int \frac{1}{\cos^4 u} du = \tan u + \frac{1}{3} \cdot \tan^3 u + \text{const} \quad .$$

Man erhält als Ergebnis die Barkersche Gleichung

$$\tan \frac{v}{2} + \frac{1}{3} \cdot \tan^3 \frac{v}{2} = \sqrt{\frac{G(M+m)}{2 \cdot q^3}} \cdot (t - t_0) \quad , \tag{A.26}$$

wobei $q = p/2$ die Periheldistanz und t_0 den Zeitpunkt des Periheldurchgangs bedeutet.

Ellipse

Ersetzt man auch im vis-viva-Satz x und y durch die Polarkoordinaten v und r, dann ergibt sich

$$v^2 = \dot{x}^2 + \dot{y}^2 = \dot{r}^2 + r^2 \dot{v}^2 = G(M+m)\left(\frac{2}{r} - \frac{1}{a}\right)$$

oder wegen $r^2 \dot{v} = C = \sqrt{G(M+m)p}$

$$\dot{r}^2 = G(M+m)\left(\frac{2}{r} - \frac{1}{a} - \frac{a(1-e^2)}{r^2}\right) \quad .$$

Man führt nun die Hilfsgröße E (exzentrische Anomalie) über folgende Beziehung ein:

$$r = a \cdot (1 - e \cdot \cos E) \quad . \tag{A.27}$$

Dann gilt

$$\frac{dr}{dE} = a \cdot e \cdot \sin E \qquad \dot{r} = \frac{dr}{dE} \cdot \frac{dE}{dt} \quad .$$

Also ist

$$(a \cdot e \sin E)^2 \cdot \left(\frac{dE}{dt}\right) = \frac{1}{r^2} \cdot G(M+m)\left(2r - \frac{1}{a}r^2 - a(1-e^2)\right)$$

$$= \frac{1}{r^2} \cdot G(M+m)\left(ae^2 - ae^2 \cdot \cos^2 E\right)$$

$$= \frac{1}{r^2} \cdot G(M+m) \cdot ae^2 \cdot \sin^2 E \quad .$$

Daraus folgt

$$r \cdot \frac{dE}{dt} = \sqrt{\frac{G(M+m)}{a}}$$

oder

$$(1 - e \cdot \cos E) \cdot \frac{dE}{dt} = \mu \quad \text{(A.28)}$$

mit

$$\mu = \sqrt{\frac{G(M+m)}{a^3}} \quad . \quad \text{(A.29)}$$

Diese Gleichung kann sofort nach der Zeit integriert werden. Als Ergebnis erhält man die bekannte Keplergleichung

$$E - e \cdot \sin E = \mu \cdot (t - t_0) \quad . \quad \text{(A.30)}$$

Darin bedeutet μ die mittlere Bewegung und t_0 den Zeitpunkt des Periheldurchgangs. Durch Verwendung von (A.30), (A.27) und (A.22) lässt sich der Bahnort zu jeder gegebenen Zeit t bestimmen. Es ergeben sich jedoch noch einige weitere Gleichungen, die für die praktische Rechnung von Nutzen sind. Aus

$$a(1 - e \cdot \cos E) = r = \frac{a(1 - e^2)}{1 + e \cdot \cos v}$$

folgt

$$r \cdot \cos v = \frac{a(1 - e^2) - r}{e}$$

und damit

$$r \cdot \cos v = a(\cos E - e) \quad . \quad \text{(A.31)}$$

Ferner gilt

$$\begin{aligned} r^2 \cdot \sin^2 v &= r^2 - r^2 \cdot \cos^2 v \\ &= a^2(1 - e \cdot \cos E)^2 - a^2(\cos E - e)^2 \\ &= a^2(1 - \cos^2 E) - a^2 e^2(1 - \cos^2 E) \\ &= a^2(1 - e^2) \cdot \sin^2(E) \end{aligned}$$

und folglich

$$r \cdot \sin v = a\sqrt{1 - e^2} \cdot \sin E \quad . \quad \text{(A.32)}$$

Verwendet man schließlich noch die Halbwinkelformel

$$\tan \frac{v}{2} = \frac{\sin v}{1 + \cos v}$$

dann erhält man aus (A.31) und (A.32) die Beziehung

$$\tan\frac{v}{2} = \frac{a \cdot \sqrt{1-e^2} \cdot \sin E}{a(\cos E - e) + a(1 - e \cdot \cos E)}$$
$$= \frac{\sqrt{1-e^2} \cdot \sin E}{(1-e)(1+\cos E)}$$

oder

$$\tan\frac{v}{2} = \sqrt{\frac{1+e}{1-e}} \cdot \tan\frac{E}{2} \quad . \tag{A.33}$$

Hyperbel

Die Formeln für die Bewegung in der Hyperbel ($a < 0$) lassen sich analog zur Ellipsenbahn ableiten. Anstelle von E führt man in (A.27) die Hilfsgröße H ein:

$$r = a \cdot (1 - e \cosh H)$$
$$= |a| \cdot (e \cdot \cosh H - 1) \quad . \tag{A.34}$$

Unter Beachtung von

$$\cosh^2 H - \sinh^2 H = 1$$
$$\frac{d}{dt}\cosh H = \sinh H$$
$$\frac{d}{dt}\sinh H = \cosh H$$

erhält man dann die modifizierte Keplergleichung

$$e \cdot \sinh H - H = \sqrt{\frac{G(M+m)}{a^3}} \cdot (t - t_0) \quad , \tag{A.35}$$

wobei T wieder den Zeitpunkt des Periheldurchgangs bedeutet. Entsprechend ergeben sich die anderen in Abschn. 3.1.3 aufgeführten Beziehungen.

A.5 Tabelle des Julianischen Datums von 1900 bis 2075

Die Tabellen auf den folgenden Seiten geben für den nullten Tag jeden Monats das modifizierte Julianische Datum (MJD) an. Durch Addition von 2 400 000.5 erhält man daraus das übliche Julianische Datum. Die Werte beziehen sich jeweils auf den Beginn des Tages (0:00 Uhr).

Beispiel:

Für das Julianische Datum am 9. April 1950, 6^h erhält man mit den Daten der Tabelle

	2 400 000.50	
+	33 371.00	MJD 0. April 1950
+	9.25	Tage seit 0. April
=	2 433 380.75	

Jahr	Jan	Feb	März	Apr	Mai	Juni	Juli	Aug	Sep	Okt	Nov	Dez
1900	15019	15050	15078	15109	15139	15170	15200	15231	15262	15292	15323	15353
1901	15384	15415	15443	15474	15504	15535	15565	15596	15627	15657	15688	15718
1902	15749	15780	15808	15839	15869	15900	15930	15961	15992	16022	16053	16083
1903	16114	16145	16173	16204	16234	16265	16295	16326	16357	16387	16418	16448
1904	16479	16510	16539	16570	16600	16631	16661	16692	16723	16753	16784	16814
1905	16845	16876	16904	16935	16965	16996	17026	17057	17088	17118	17149	17179
1906	17210	17241	17269	17300	17330	17361	17391	17422	17453	17483	17514	17544
1907	17575	17606	17634	17665	17695	17726	17756	17787	17818	17848	17879	17909
1908	17940	17971	18000	18031	18061	18092	18122	18153	18184	18214	18245	18275
1909	18306	18337	18365	18396	18426	18457	18487	18518	18549	18579	18610	18640
1910	18671	18702	18730	18761	18791	18822	18852	18883	18914	18944	18975	19005
1911	19036	19067	19095	19126	19156	19187	19217	19248	19279	19309	19340	19370
1912	19401	19432	19461	19492	19522	19553	19583	19614	19645	19675	19706	19736
1913	19767	19798	19826	19857	19887	19918	19948	19979	20010	20040	20071	20101
1914	20132	20163	20191	20222	20252	20283	20313	20344	20375	20405	20436	20466
1915	20497	20528	20556	20587	20617	20648	20678	20709	20740	20770	20801	20831
1916	20862	20893	20922	20953	20983	21014	21044	21075	21106	21136	21167	21197
1917	21228	21259	21287	21318	21348	21379	21409	21440	21471	21501	21532	21562
1918	21593	21624	21652	21683	21713	21744	21774	21805	21836	21866	21897	21927
1919	21958	21989	22017	22048	22078	22109	22139	22170	22201	22231	22262	22292
1920	22323	22354	22383	22414	22444	22475	22505	22536	22567	22597	22628	22658
1921	22689	22720	22748	22779	22809	22840	22870	22901	22932	22962	22993	23023
1922	23054	23085	23113	23144	23174	23205	23235	23266	23297	23327	23358	23388
1923	23419	23450	23478	23509	23539	23570	23600	23631	23662	23692	23723	23753
1924	23784	23815	23844	23875	23905	23936	23966	23997	24028	24058	24089	24119
1925	24150	24181	24209	24240	24270	24301	24331	24362	24393	24423	24454	24484

A.5 Tabelle des Julianischen Datums von 1900 bis 2075

Jahr	Jan	Feb	März	Apr	Mai	Juni	Juli	Aug	Sep	Okt	Nov	Dez
1926	24515	24546	24574	24605	24635	24666	24696	24727	24758	24788	24819	24849
1927	24880	24911	24939	24970	25000	25031	25061	25092	25123	25153	25184	25214
1928	25245	25276	25305	25336	25366	25397	25427	25458	25489	25519	25550	25580
1929	25611	25642	25670	25701	25731	25762	25792	25823	25854	25884	25915	25945
1930	25976	26007	26035	26066	26096	26127	26157	26188	26219	26249	26280	26310
1931	26341	26372	26400	26431	26461	26492	26522	26553	26584	26614	26645	26675
1932	26706	26737	26766	26797	26827	26858	26888	26919	26950	26980	27011	27041
1933	27072	27103	27131	27162	27192	27223	27253	27284	27315	27345	27376	27406
1934	27437	27468	27496	27527	27557	27588	27618	27649	27680	27710	27741	27771
1935	27802	27833	27861	27892	27922	27953	27983	28014	28045	28075	28106	28136
1936	28167	28198	28227	28258	28288	28319	28349	28380	28411	28441	28472	28502
1937	28533	28564	28592	28623	28653	28684	28714	28745	28776	28806	28837	28867
1938	28898	28929	28957	28988	29018	29049	29079	29110	29141	29171	29202	29232
1939	29263	29294	29322	29353	29383	29414	29444	29475	29506	29536	29567	29597
1940	29628	29659	29688	29719	29749	29780	29810	29841	29872	29902	29933	29963
1941	29994	30025	30053	30084	30114	30145	30175	30206	30237	30267	30298	30328
1942	30359	30390	30418	30449	30479	30510	30540	30571	30602	30632	30663	30693
1943	30724	30755	30783	30814	30844	30875	30905	30936	30967	30997	31028	31058
1944	31089	31120	31149	31180	31210	31241	31271	31302	31333	31363	31394	31424
1945	31455	31486	31514	31545	31575	31606	31636	31667	31698	31728	31759	31789
1946	31820	31851	31879	31910	31940	31971	32001	32032	32063	32093	32124	32154
1947	32185	32216	32244	32275	32305	32336	32366	32397	32428	32458	32489	32519
1948	32550	32581	32610	32641	32671	32702	32732	32763	32794	32824	32855	32885
1949	32916	32947	32975	33006	33036	33067	33097	33128	33159	33189	33220	33250
1950	33281	33312	33340	33371	33401	33432	33462	33493	33524	33554	33585	33615
1951	33646	33677	33705	33736	33766	33797	33827	33858	33889	33919	33950	33980
1952	34011	34042	34071	34102	34132	34163	34193	34224	34255	34285	34316	34346
1953	34377	34408	34436	34467	34497	34528	34558	34589	34620	34650	34681	34711
1954	34742	34773	34801	34832	34862	34893	34923	34954	34985	35015	35046	35076
1955	35107	35138	35166	35197	35227	35258	35288	35319	35350	35380	35411	35441
1956	35472	35503	35532	35563	35593	35624	35654	35685	35716	35746	35777	35807
1957	35838	35869	35897	35928	35958	35989	36019	36050	36081	36111	36142	36172
1958	36203	36234	36262	36293	36323	36354	36384	36415	36446	36476	36507	36537
1959	36568	36599	36627	36658	36688	36719	36749	36780	36811	36841	36872	36902
1960	36933	36964	36993	37024	37054	37085	37115	37146	37177	37207	37238	37268
1961	37299	37330	37358	37389	37419	37450	37480	37511	37542	37572	37603	37633
1962	37664	37695	37723	37754	37784	37815	37845	37876	37907	37937	37968	37998
1963	38029	38060	38088	38119	38149	38180	38210	38241	38272	38302	38333	38363
1964	38394	38425	38454	38485	38515	38546	38576	38607	38638	38668	38699	38729
1965	38760	38791	38819	38850	38880	38911	38941	38972	39003	39033	39064	39094
1966	39125	39156	39184	39215	39245	39276	39306	39337	39368	39398	39429	39459
1967	39490	39521	39549	39580	39610	39641	39671	39702	39733	39763	39794	39824
1968	39855	39886	39915	39946	39976	40007	40037	40068	40099	40129	40160	40190
1969	40221	40252	40280	40311	40341	40372	40402	40433	40464	40494	40525	40555
1970	40586	40617	40645	40676	40706	40737	40767	40798	40829	40859	40890	40920
1971	40951	40982	41010	41041	41071	41102	41132	41163	41194	41224	41255	41285
1972	41316	41347	41376	41407	41437	41468	41498	41529	41560	41590	41621	41651
1973	41682	41713	41741	41772	41802	41833	41863	41894	41925	41955	41986	42016
1974	42047	42078	42106	42137	42167	42198	42228	42259	42290	42320	42351	42381
1975	42412	42443	42471	42502	42532	42563	42593	42624	42655	42685	42716	42746

134 Anhang

Jahr	Jan	Feb	März	Apr	Mai	Juni	Juli	Aug	Sep	Okt	Nov	Dez
1976	42777	42808	42837	42868	42898	42929	42959	42990	43021	43051	43082	43112
1977	43143	43174	43202	43233	43263	43294	43324	43355	43386	43416	43447	43477
1978	43508	43539	43567	43598	43628	43659	43689	43720	43751	43781	43812	43842
1979	43873	43904	43932	43963	43993	44024	44054	44085	44116	44146	44177	44207
1980	44238	44269	44298	44329	44359	44390	44420	44451	44482	44512	44543	44573
1981	44604	44635	44663	44694	44724	44755	44785	44816	44847	44877	44908	44938
1982	44969	45000	45028	45059	45089	45120	45150	45181	45212	45242	45273	45303
1983	45334	45365	45393	45424	45454	45485	45515	45546	45577	45607	45638	45668
1984	45699	45730	45759	45790	45820	45851	45881	45912	45943	45973	46004	46034
1985	46065	46096	46124	46155	46185	46216	46246	46277	46308	46338	46369	46399
1986	46430	46461	46489	46520	46550	46581	46611	46642	46673	46703	46734	46764
1987	46795	46826	46854	46885	46915	46946	46976	47007	47038	47068	47099	47129
1988	47160	47191	47220	47251	47281	47312	47342	47373	47404	47434	47465	47495
1989	47526	47557	47585	47616	47646	47677	47707	47738	47769	47799	47830	47860
1990	47891	47922	47950	47981	48011	48042	48072	48103	48134	48164	48195	48225
1991	48256	48287	48315	48346	48376	48407	48437	48468	48499	48529	48560	48590
1992	48621	48652	48681	48712	48742	48773	48803	48834	48865	48895	48926	48956
1993	48987	49018	49046	49077	49107	49138	49168	49199	49230	49260	49291	49321
1994	49352	49383	49411	49442	49472	49503	49533	49564	49595	49625	49656	49686
1995	49717	49748	49776	49807	49837	49868	49898	49929	49960	49990	50021	50051
1996	50082	50113	50142	50173	50203	50234	50264	50295	50326	50356	50387	50417
1997	50448	50479	50507	50538	50568	50599	50629	50660	50691	50721	50752	50782
1998	50813	50844	50872	50903	50933	50964	50994	51025	51056	51086	51117	51147
1999	51178	51209	51237	51268	51298	51329	51359	51390	51421	51451	51482	51512
2000	51543	51574	51603	51634	51664	51695	51725	51756	51787	51817	51848	51878
2001	51909	51940	51968	51999	52029	52060	52090	52121	52152	52182	52213	52243
2002	52274	52305	52333	52364	52394	52425	52455	52486	52517	52547	52578	52608
2003	52639	52670	52698	52729	52759	52790	52820	52851	52882	52912	52943	52973
2004	53004	53035	53064	53095	53125	53156	53186	53217	53248	53278	53309	53339
2005	53370	53401	53429	53460	53490	53521	53551	53582	53613	53643	53674	53704
2006	53735	53766	53794	53825	53855	53886	53916	53947	53978	54008	54039	54069
2007	54100	54131	54159	54190	54220	54251	54281	54312	54343	54373	54404	54434
2008	54465	54496	54525	54556	54586	54617	54647	54678	54709	54739	54770	54800
2009	54831	54862	54890	54921	54951	54982	55012	55043	55074	55104	55135	55165
2010	55196	55227	55255	55286	55316	55347	55377	55408	55439	55469	55500	55530
2011	55561	55592	55620	55651	55681	55712	55742	55773	55804	55834	55865	55895
2012	55926	55957	55986	56017	56047	56078	56108	56139	56170	56200	56231	56261
2013	56292	56323	56351	56382	56412	56443	56473	56504	56535	56565	56596	56626
2014	56657	56688	56716	56747	56777	56808	56838	56869	56900	56930	56961	56991
2015	57022	57053	57081	57112	57142	57173	57203	57234	57265	57295	57326	57356
2016	57387	57418	57447	57478	57508	57539	57569	57600	57631	57661	57692	57722
2017	57753	57784	57812	57843	57873	57904	57934	57965	57996	58026	58057	58087
2018	58118	58149	58177	58208	58238	58269	58299	58330	58361	58391	58422	58452
2019	58483	58514	58542	58573	58603	58634	58664	58695	58726	58756	58787	58817
2020	58848	58879	58908	58939	58969	59000	59030	59061	59092	59122	59153	59183
2021	59214	59245	59273	59304	59334	59365	59395	59426	59457	59487	59518	59548
2022	59579	59610	59638	59669	59699	59730	59760	59791	59822	59852	59883	59913
2023	59944	59975	60003	60034	60064	60095	60125	60156	60187	60217	60248	60278
2024	60309	60340	60369	60400	60430	60461	60491	60522	60553	60583	60614	60644
2025	60675	60706	60734	60765	60795	60826	60856	60887	60918	60948	60979	61009

A.5 Tabelle des Julianischen Datums von 1900 bis 2075   **135**

Jahr	Jan	Feb	März	Apr	Mai	Juni	Juli	Aug	Sep	Okt	Nov	Dez
2026	61040	61071	61099	61130	61160	61191	61221	61252	61283	61313	61344	61374
2027	61405	61436	61464	61495	61525	61556	61586	61617	61648	61678	61709	61739
2028	61770	61801	61830	61861	61891	61922	61952	61983	62014	62044	62075	62105
2029	62136	62167	62195	62226	62256	62287	62317	62348	62379	62409	62440	62470
2030	62501	62532	62560	62591	62621	62652	62682	62713	62744	62774	62805	62835
2031	62866	62897	62925	62956	62986	63017	63047	63078	63109	63139	63170	63200
2032	63231	63262	63291	63322	63352	63383	63413	63444	63475	63505	63536	63566
2033	63597	63628	63656	63687	63717	63748	63778	63809	63840	63870	63901	63931
2034	63962	63993	64021	64052	64082	64113	64143	64174	64205	64235	64266	64296
2035	64327	64358	64386	64417	64447	64478	64508	64539	64570	64600	64631	64661
2036	64692	64723	64752	64783	64813	64844	64874	64905	64936	64966	64997	65027
2037	65058	65089	65117	65148	65178	65209	65239	65270	65301	65331	65362	65392
2038	65423	65454	65482	65513	65543	65574	65604	65635	65666	65696	65727	65757
2039	65788	65819	65847	65878	65908	65939	65969	66000	66031	66061	66092	66122
2040	66153	66184	66213	66244	66274	66305	66335	66366	66397	66427	66458	66488
2041	66519	66550	66578	66609	66639	66670	66700	66731	66762	66792	66823	66853
2042	66884	66915	66943	66974	67004	67035	67065	67096	67127	67157	67188	67218
2043	67249	67280	67308	67339	67369	67400	67430	67461	67492	67522	67553	67583
2044	67614	67645	67674	67705	67735	67766	67796	67827	67858	67888	67919	67949
2045	67980	68011	68039	68070	68100	68131	68161	68192	68223	68253	68284	68314
2046	68345	68376	68404	68435	68465	68496	68526	68557	68588	68618	68649	68679
2047	68710	68741	68769	68800	68830	68861	68891	68922	68953	68983	69014	69044
2048	69075	69106	69135	69166	69196	69227	69257	69288	69319	69349	69380	69410
2049	69441	69472	69500	69531	69561	69592	69622	69653	69684	69714	69745	69775
2050	69806	69837	69865	69896	69926	69957	69987	70018	70049	70079	70110	70140
2051	70171	70202	70230	70261	70291	70322	70352	70383	70414	70444	70475	70505
2052	70536	70567	70596	70627	70657	70688	70718	70749	70780	70810	70841	70871
2053	70902	70933	70961	70992	71022	71053	71083	71114	71145	71175	71206	71236
2054	71267	71298	71326	71357	71387	71418	71448	71479	71510	71540	71571	71601
2055	71632	71663	71691	71722	71752	71783	71813	71844	71875	71905	71936	71966
2056	71997	72028	72057	72088	72118	72149	72179	72210	72241	72271	72302	72332
2057	72363	72394	72422	72453	72483	72514	72544	72575	72606	72636	72667	72697
2058	72728	72759	72787	72818	72848	72879	72909	72940	72971	73001	73032	73062
2059	73093	73124	73152	73183	73213	73244	73274	73305	73336	73366	73397	73427
2060	73458	73489	73518	73549	73579	73610	73640	73671	73702	73732	73763	73793
2061	73824	73855	73883	73914	73944	73975	74005	74036	74067	74097	74128	74158
2062	74189	74220	74248	74279	74309	74340	74370	74401	74432	74462	74493	74523
2063	74554	74585	74613	74644	74674	74705	74735	74766	74797	74827	74858	74888
2064	74919	74950	74979	75010	75040	75071	75101	75132	75163	75193	75224	75254
2065	75285	75316	75344	75375	75405	75436	75466	75497	75528	75558	75589	75619
2066	75650	75681	75709	75740	75770	75801	75831	75862	75893	75923	75954	75984
2067	76015	76046	76074	76105	76135	76166	76196	76227	76258	76288	76319	76349
2068	76380	76411	76440	76471	76501	76532	76562	76593	76624	76654	76685	76715
2069	76746	76777	76805	76836	76866	76897	76927	76958	76989	77019	77050	77080
2070	77111	77142	77170	77201	77231	77262	77292	77323	77354	77384	77415	77445
2071	77476	77507	77535	77566	77596	77627	77657	77688	77719	77749	77780	77810
2072	77841	77872	77901	77932	77962	77993	78023	78054	78085	78115	78146	78176
2073	78207	78238	78266	78297	78327	78358	78388	78419	78450	78480	78511	78541
2074	78572	78603	78631	78662	78692	78723	78753	78784	78815	78845	78876	78906
2075	78937	78968	78996	79027	79057	79088	79118	79149	79180	79210	79241	79271

A.6 Tabelle der Differenz TT–UT

Jahr	ΔT [s]	Jahr	ΔT [s]	Jahr	ΔT [s]	Jahr	ΔT [s]	Jahr	ΔT [s]
1900	-2.72	1925	23.62	1950	29.15	1975	45.48	2000	63.83
1901	-1.54	1926	23.86	1951	29.57	1976	46.46	2001	64.09
1902	-0.02	1927	24.49	1952	29.97	1977	47.52	2002	64.30
1903	1.24	1928	24.34	1953	30.36	1978	48.53	2003	64.47
1904	2.64	1929	24.08	1954	30.72	1979	49.59	2004	64.57
1905	3.86	1930	24.02	1955	31.07	1980	50.54	2005	64.62
1906	5.37	1931	24.00	1956	31.35	1981	51.38		
1907	6.14	1932	23.87	1957	31.68	1982	52.17		
1908	7.75	1933	23.95	1958	32.18	1983	52.96		
1909	9.13	1934	23.86	1959	32.68	1984	53.79		
1910	10.46	1935	23.93	1960	33.15	1985	54.34		
1911	11.53	1936	23.73	1961	33.59	1986	54.87		
1912	13.36	1937	23.92	1962	34.00	1987	55.32		
1913	14.65	1938	23.96	1963	34.47	1988	55.82		
1914	16.01	1939	24.02	1964	35.03	1989	56.30		
1915	17.20	1940	24.33	1965	35.73	1990	56.86		
1916	18.24	1941	24.83	1966	36.54	1991	57.57		
1917	19.06	1942	25.30	1967	37.43	1992	58.31		
1918	20.25	1943	25.70	1968	38.29	1993	59.12		
1919	20.95	1944	26.24	1969	39.20	1994	59.99		
1920	21.16	1945	26.77	1970	40.18	1995	60.78		
1921	22.25	1946	27.28	1971	41.17	1996	61.65		
1922	22.41	1947	27.78	1972	42.23	1997	62.30		
1923	23.03	1948	28.25	1973	43.37	1998	63.00		
1924	23.49	1949	28.71	1974	44.49	1999	63.50		

A.7 Mittlere Bahnelemente der inneren Planeten

Auf den folgenden Seiten sind die mittleren Bahnelemente der Planeten Merkur bis Mars wiedergegeben. Ihre Änderung lässt sich in guter Näherung durch linear zeitabhängige Glieder darstellen.

Bezeichnungen

JD   Julianisches Datum des Berechnungszeitpunktes

T Julianische Jahrhunderte seit dem 1. Jan. 2000, 12^h TT
$$T = (JD - 2451545.0)/36525$$

a große Halbachse

e Exzentrizität

i Bahnneigung bezogen auf die Ekliptik des Datums

i_0 Bahnneigung bezogen auf die Ekliptik von J2000.0

Ω Länge des aufsteigenden Knotens (Äquinoktium des Datums)

Ω_0 Länge des aufsteigenden Knotens (Äquinoktium J2000.0)

ϖ Länge des Perihels (Äquinoktium des Datums)

ϖ_0 Länge des Perihels (Äquinoktium J2000.0)

M mittlere Anomalie

L mittlere Länge (Äquinoktium des Datums)
$$L = M + \varpi$$

L_0 mittlere Länge (Äquinoktium J2000.0)
$$L_0 = M + \varpi_0$$

Anmerkungen

- Für $T < 0.5$ bezeichnet i_0 im Falle der Erde die negative Bahnneigung und Ω_0 den absteigenden Knoten der Bahn bezogen auf die Ekliptik von J2000. Rechnerisch bewirkt dies keine Unterschiede, man vermeidet aber den plötzlichen Sprung in der Darstellung der Elemente.

- Die Umlaufszeit und die Periheldurchgangszeit sind nicht angegeben, da sie bereits durch die Angabe der mittleren Anomalie ersetzt sind.

Merkur

$a = 0.387099 \text{ AE}$

$e = 0.205634 + 0.000020 \cdot T$

$i = 7°\!.0048 + 0°\!.0019 \cdot T$

$i_0 = 7°\!.0048 - 0°\!.0059 \cdot T$

$\Omega = 48°\!.331 + 1°\!.185 \cdot T$

$\Omega_0 = 48°\!.331 - 0°\!.126 \cdot T$

$\varpi = 77°\!.4552 + 1°\!.5555 \cdot T$

$\varpi_0 = 77°\!.4552 + 0°\!.1582 \cdot T$

$M = 174°\!.7947 + 149472°\!.5153 \cdot T$

$L = 252°\!.2499 + 149474°\!.0708 \cdot T$

$L_0 = 252°\!.2499 + 149472°\!.6738 \cdot T$

Venus

$a = 0.723332 \text{ AE}$

$e = 0.006773 - 0.000048 \cdot T$

$i = 3°\!.3946 + 0°\!.0010 \cdot T$

$i_0 = 3°\!.3946 - 0°\!.0009 \cdot T$

$\Omega = 76°\!.680 + 0°\!.900 \cdot T$

$\Omega_0 = 76°\!.680 - 0°\!.278 \cdot T$

$\varpi = 131°\!.5718 + 1°\!.4080 \cdot T$

$\varpi_0 = 131°\!.5718 + 0°\!.0110 \cdot T$

$M = 50°\!.4071 + 58517°\!.8039 \cdot T$

$L = 181°\!.9790 + 58519°\!.2119 \cdot T$

$L_0 = 181°\!.9790 + 58317°\!.8149 \cdot T$

Erde

$a = 1.000000$ AE
$e = 0.016709 - 0.000042 \cdot T$
$i = 0\overset{\circ}{.}0$
$i_0 = 0\overset{\circ}{.}0 + 0\overset{\circ}{.}0131 \cdot T$
$\Omega = $ (nicht definiert) $(0\overset{\circ}{.}0)$
$\Omega_0 = 174\overset{\circ}{.}876 - 0\overset{\circ}{.}242 \cdot T$
$\varpi = 102\overset{\circ}{.}9400 + 1\overset{\circ}{.}7192 \cdot T$
$\varpi_0 = 102\overset{\circ}{.}9400 + 0\overset{\circ}{.}3222 \cdot T$
$M = 357\overset{\circ}{.}5256 + 35999\overset{\circ}{.}0498 \cdot T$
$L = 100\overset{\circ}{.}4656 + 36000\overset{\circ}{.}7690 \cdot T$
$L_0 = 100\overset{\circ}{.}4656 + 35999\overset{\circ}{.}3720 \cdot T$

Mars

$a = 1.523692$ AE
$e = 0.093405 + 0.000092 \cdot T$
$i = 1\overset{\circ}{.}8496 - 0\overset{\circ}{.}0007 \cdot T$
$i_0 = 1\overset{\circ}{.}8496 - 0\overset{\circ}{.}0083 \cdot T$
$\Omega = 49\overset{\circ}{.}557 + 0\overset{\circ}{.}771 \cdot T$
$\Omega_0 = 49\overset{\circ}{.}557 - 0\overset{\circ}{.}295 \cdot T$
$\varpi_0 = 336\overset{\circ}{.}0590 + 1\overset{\circ}{.}8408 \cdot T$
$\varpi = 336\overset{\circ}{.}0590 + 0\overset{\circ}{.}4438 \cdot T$
$M = 19\overset{\circ}{.}3879 + 19139\overset{\circ}{.}8585 \cdot T$
$L = 355\overset{\circ}{.}4469 + 19141\overset{\circ}{.}6993 \cdot T$
$L_0 = 355\overset{\circ}{.}4469 + 19140\overset{\circ}{.}3023 \cdot T$

A.8 Oskulierende Bahnelemente der äußeren Planeten

Auf den folgenden Seiten sind für die Planeten Jupiter bis Pluto oskulierende Bahnelemente (Quelle: DE405 ([35])) wiedergegeben. Durch die starken wechselseitigen Störungen dieser Planeten ist es nicht möglich, mittlere Bahnelemente anzugeben, die die Bahn in vernünftiger Form darstellen. Die Tabellen umfassen den Zeitraum vom 11. Oktober 1949 bis zum 8. Juni 2049 in Abständen von je 400 Tagen.

Bezeichnungen

JD Julianisches Datum des Berechnungszeitpunktes (Terrestrische Zeit TT)

T Julianische Jahrhunderte seit dem 1. Jan. 2000, 12^h TT
$T = (\text{JD} - 2451545.0)/36525$

a große Halbachse (in AE)

e Exzentrizität

M mittlere Anomalie (in Grad)

n mittlere tägliche Bewegung (in Grad)

i Bahnneigung bezogen auf die Ekliptik von J2000.0 (in Grad)

Ω Länge des aufsteigenden Knotens (in Grad)

ϖ Länge des Perihels (in Grad)

Erläuterungen

Die Lageelemente der Bahn beziehen sich auf die Ekliptik und den Frühlingspunkt von J2000.0. Zum jeweiligen Datum wird die Bahn exakt dargestellt (ca. $1''$). In einem Zeitraum von etwa einem Jahr beträgt die Genauigkeit noch ca. eine Bogenminute.

Um die mittlere Anomalie zu einem beliebigen Datum zu bestimmen, sucht man in der Tabelle die nächstliegende angegebene mittlere Anomalie und addiert dazu das Produkt aus mittlerer täglicher Bewegung und Differenz der beiden Daten.

Beispiel:

Mit Hilfe der Angaben zum 1. April 2001, 0^h TT (JD 2452000.5) erhält man für die mittlere Anomalie des Planeten Jupiter am 20. Juni 2001, 0^h TT (JD 2452080.5) das Ergebnis

$M(\text{JD}\,2452000.5) = 56°\!.8852$
$n\;(\text{JD}\,2452000.5) = 0°\!.0830625$
$M(\text{JD}\,2452080.5) = 56°\!.8852 + 80 \cdot 0°\!.0830625$
$\qquad\qquad\qquad\;\; = 63°\!.5302$

Jupiter

Datum	a	e	M	n	i	Ω	ϖ
1949/10/11	5.202816	0.048926	295.8849	0.0830909	1.3051	100.3879	14.3545
1950/11/15	5.202891	0.048917	329.1485	0.0830891	1.3052	100.3895	14.3240
1951/12/20	5.202866	0.048907	2.3973	0.0830897	1.3052	100.3905	14.3094
1953/01/23	5.202882	0.048909	35.6555	0.0830893	1.3051	100.3914	14.2846
1954/02/27	5.202599	0.048887	68.9514	0.0830961	1.3051	100.3925	14.2243
1955/04/03	5.202296	0.048880	102.2619	0.0831034	1.3051	100.3922	14.1545
1956/05/07	5.202218	0.048874	135.5395	0.0831053	1.3051	100.3915	14.1210
1957/06/11	5.202150	0.048878	168.8170	0.0831069	1.3051	100.3925	14.0884
1958/07/16	5.202281	0.048856	202.1070	0.0831037	1.3050	100.3936	14.0447
1959/08/20	5.202965	0.048758	235.4488	0.0830873	1.3050	100.3954	13.9425
1960/09/23	5.203773	0.048631	268.8152	0.0830680	1.3049	100.3970	13.7982
1961/10/28	5.203608	0.048489	302.0343	0.0830720	1.3048	100.3963	13.7912
1962/12/02	5.202875	0.048349	335.1905	0.0830895	1.3048	100.3958	13.8615
1964/01/06	5.202448	0.048268	8.3992	0.0830997	1.3048	100.3965	13.8917
1965/02/09	5.202230	0.048219	41.6322	0.0831050	1.3048	100.3973	13.9029
1966/03/16	5.202420	0.048211	74.8265	0.0831004	1.3048	100.3966	13.9530
1967/04/20	5.202769	0.048202	107.9933	0.0830921	1.3048	100.3969	14.0250
1968/05/24	5.202946	0.048191	141.1865	0.0830878	1.3049	100.3986	14.0660
1969/06/28	5.203104	0.048170	174.3899	0.0830840	1.3049	100.4002	14.0954
1970/08/02	5.203311	0.048131	207.5901	0.0830791	1.3049	100.4014	14.1241
1971/09/06	5.203214	0.048123	240.7722	0.0830814	1.3048	100.4035	14.1699
1972/10/10	5.202992	0.048111	273.9457	0.0830867	1.3048	100.4039	14.2273
1973/11/14	5.202854	0.048088	307.1478	0.0830900	1.3047	100.4032	14.2591
1974/12/19	5.202540	0.048033	340.3492	0.0830975	1.3047	100.4035	14.2937
1976/01/23	5.202175	0.047967	13.5650	0.0831063	1.3047	100.4031	14.3209
1977/02/26	5.202181	0.047946	46.7816	0.0831061	1.3047	100.4023	14.3504
1978/04/02	5.202488	0.047938	79.9510	0.0830988	1.3048	100.4022	14.4255
1979/05/07	5.203131	0.047905	113.0432	0.0830834	1.3048	100.4036	14.5709
1980/06/10	5.204377	0.047799	145.9872	0.0830535	1.3050	100.4125	14.8455
1981/07/15	5.204871	0.047771	178.9061	0.0830417	1.3051	100.4381	15.1205
1982/08/19	5.203937	0.047917	211.8748	0.0830641	1.3049	100.4600	15.3548
1983/09/23	5.203024	0.048029	244.9234	0.0830860	1.3048	100.4667	15.5336
1984/10/27	5.202701	0.048061	278.0835	0.0830937	1.3047	100.4672	15.6113
1985/12/01	5.202522	0.048071	311.2746	0.0830980	1.3047	100.4676	15.6613
1987/01/05	5.202654	0.048100	344.5084	0.0830948	1.3047	100.4679	15.6686
1988/02/09	5.203005	0.048158	17.7424	0.0830864	1.3047	100.4682	15.6709
1989/03/15	5.203155	0.048190	50.9753	0.0830828	1.3047	100.4692	15.6696
1990/04/19	5.203173	0.048207	84.2122	0.0830824	1.3047	100.4693	15.6639
1991/05/24	5.203262	0.048229	117.4248	0.0830803	1.3047	100.4692	15.6810
1992/06/27	5.203103	0.048273	150.6600	0.0830841	1.3047	100.4700	15.6753
1993/08/01	5.202787	0.048338	183.8978	0.0830916	1.3047	100.4706	15.6716
1994/09/05	5.202626	0.048375	217.1224	0.0830955	1.3047	100.4700	15.6849
1995/10/10	5.202465	0.048403	250.3331	0.0830993	1.3047	100.4705	15.7138
1996/11/13	5.202278	0.048430	283.5354	0.0831038	1.3047	100.4708	15.7354
1997/12/18	5.202574	0.048482	316.8119	0.0830967	1.3046	100.4711	15.7226
1999/01/22	5.203409	0.048612	350.1324	0.0830767	1.3047	100.4773	15.6362

Jupiter

Datum	a	e	M	n	i	Ω	ϖ
2000/02/26	5.204318	0.048795	23.4551	0.0830550	1.3046	100.4945	15.5271
2001/04/01	5.204003	0.048878	56.8852	0.0830625	1.3042	100.5104	15.2986
2002/05/06	5.202943	0.048904	90.3729	0.0830879	1.3039	100.5124	15.0321
2003/06/10	5.202063	0.048952	123.8068	0.0831090	1.3038	100.5114	14.8388
2004/07/14	5.201768	0.048974	157.1373	0.0831160	1.3038	100.5099	14.7584
2005/08/18	5.201873	0.048956	190.4222	0.0831135	1.3038	100.5097	14.7233
2006/09/22	5.202040	0.048933	223.6985	0.0831095	1.3038	100.5098	14.6932
2007/10/27	5.202208	0.048924	256.9811	0.0831055	1.3038	100.5098	14.6550
2008/11/30	5.202618	0.048915	290.3057	0.0830957	1.3038	100.5097	14.5698
2010/01/04	5.202809	0.048912	323.5911	0.0830911	1.3038	100.5110	14.5186
2011/02/08	5.202786	0.048897	356.8561	0.0830916	1.3038	100.5126	14.4869
2012/03/14	5.202798	0.048899	30.1178	0.0830914	1.3038	100.5132	14.4595
2013/04/18	5.202651	0.048899	63.4017	0.0830949	1.3038	100.5141	14.4096
2014/05/23	5.202300	0.048896	96.7194	0.0831033	1.3038	100.5144	14.3312
2015/06/27	5.202143	0.048904	130.0043	0.0831071	1.3037	100.5136	14.2897
2016/07/31	5.202121	0.048903	163.2695	0.0831076	1.3037	100.5133	14.2692
2017/09/04	5.202111	0.048905	196.5401	0.0831078	1.3037	100.5147	14.2443
2018/10/09	5.202553	0.048843	229.8566	0.0830972	1.3037	100.5153	14.1715
2019/11/13	5.203416	0.048732	263.2414	0.0830766	1.3036	100.5165	14.0167
2020/12/17	5.203718	0.048601	296.5525	0.0830693	1.3036	100.5167	13.9190
2022/01/21	5.202999	0.048437	329.7309	0.0830865	1.3036	100.5166	13.9607
2023/02/25	5.202462	0.048333	2.9466	0.0830994	1.3036	100.5175	13.9812
2024/03/31	5.202186	0.048279	36.1913	0.0831060	1.3036	100.5183	13.9794
2025/05/05	5.202191	0.048261	69.4192	0.0831059	1.3036	100.5182	13.9667
2026/06/09	5.202540	0.048255	102.5875	0.0830975	1.3036	100.5182	14.0702
2027/07/14	5.202794	0.048242	135.7669	0.0830914	1.3036	100.5200	14.1268
2028/08/17	5.202932	0.048226	168.9645	0.0830881	1.3037	100.5217	14.1629
2029/09/21	5.203156	0.048183	202.1681	0.0830828	1.3036	100.5231	14.1907
2030/10/26	5.203246	0.048144	235.3658	0.0830806	1.3036	100.5244	14.2205
2031/11/30	5.203032	0.048125	268.5371	0.0830858	1.3036	100.5256	14.2785
2033/01/03	5.202865	0.048092	301.7372	0.0830898	1.3035	100.5252	14.3107
2034/02/07	5.202658	0.048048	334.9541	0.0830947	1.3035	100.5248	14.3286
2035/03/14	5.202239	0.047973	8.1846	0.0831047	1.3035	100.5251	14.3376
2036/04/17	5.202079	0.047933	41.4198	0.0831086	1.3035	100.5245	14.3483
2037/05/22	5.202278	0.047928	74.6159	0.0831038	1.3036	100.5242	14.3974
2038/06/26	5.202736	0.047903	107.7524	0.0830929	1.3036	100.5252	14.5023
2039/07/31	5.203694	0.047813	140.7786	0.0830699	1.3037	100.5312	14.7052
2040/09/03	5.204747	0.047680	173.7157	0.0830447	1.3038	100.5514	14.9725
2041/10/08	5.204318	0.047731	206.6510	0.0830549	1.3037	100.5784	15.2328
2042/11/12	5.203281	0.047839	239.6419	0.0830798	1.3035	100.5895	15.4605
2043/12/17	5.202746	0.047876	272.7542	0.0830926	1.3034	100.5909	15.5834
2045/01/20	5.202594	0.047883	305.9529	0.0830962	1.3034	100.5912	15.6242
2046/02/24	5.202548	0.047888	339.1730	0.0830973	1.3033	100.5915	15.6449
2047/03/31	5.202873	0.047944	12.4130	0.0830896	1.3033	100.5913	15.6430
2048/05/04	5.203118	0.047990	45.6397	0.0830837	1.3033	100.5920	15.6488
2049/06/08	5.203144	0.048016	78.8773	0.0830831	1.3033	100.5926	15.6417

Saturn

Datum	a	e	M	n	i	Ω	ϖ
1949/10/11	9.523811	0.053418	64.7749	0.0335390	2.4864	113.8149	91.1924
1950/11/15	9.518340	0.053855	78.9106	0.0335679	2.4863	113.8095	90.4090
1951/12/20	9.518333	0.054573	92.3120	0.0335679	2.4860	113.7931	90.3518
1953/01/23	9.523780	0.055090	104.9666	0.0335392	2.4859	113.7711	91.0431
1954/02/27	9.533742	0.055063	117.1481	0.0334866	2.4859	113.7529	92.2146
1955/04/03	9.545792	0.054453	129.3088	0.0334232	2.4860	113.7451	93.4133
1956/05/07	9.557582	0.053456	141.8198	0.0333614	2.4860	113.7478	94.2670
1957/06/11	9.567564	0.052339	154.9144	0.0333092	2.4856	113.7568	94.5458
1958/07/16	9.575293	0.051349	168.6560	0.0332689	2.4851	113.7653	94.1913
1959/08/20	9.579709	0.050812	183.0319	0.0332459	2.4847	113.7694	93.2255
1960/09/23	9.580503	0.050973	197.9342	0.0332417	2.4846	113.7697	91.7753
1961/10/28	9.580756	0.051632	213.0331	0.0332404	2.4847	113.7697	90.1619
1962/12/02	9.579605	0.052590	227.5283	0.0332464	2.4848	113.7706	89.1225
1964/01/06	9.572845	0.053763	240.8911	0.0332816	2.4854	113.7767	89.1703
1965/02/09	9.561108	0.054751	253.2869	0.0333429	2.4861	113.7892	90.1547
1966/03/16	9.547679	0.055226	265.2515	0.0334133	2.4865	113.8015	91.5555
1967/04/20	9.535579	0.055129	277.3063	0.0334769	2.4866	113.8059	92.8610
1968/05/24	9.526047	0.054617	289.7396	0.0335272	2.4866	113.8004	93.7876
1969/06/28	9.519128	0.053906	302.6434	0.0335637	2.4866	113.7871	94.2465
1970/08/02	9.515284	0.053254	316.0506	0.0335841	2.4868	113.7710	94.2073
1971/09/06	9.515457	0.052918	329.9338	0.0335832	2.4872	113.7557	93.6925
1972/10/10	9.519834	0.053088	344.0700	0.0335600	2.4875	113.7467	92.9204
1973/11/14	9.528437	0.053852	358.1082	0.0335146	2.4876	113.7451	92.2417
1974/12/19	9.540900	0.055103	11.6523	0.0334489	2.4872	113.7476	92.0584
1976/01/23	9.555851	0.056488	24.5071	0.0333705	2.4864	113.7477	92.5683
1977/02/26	9.569430	0.057439	36.8524	0.0332994	2.4856	113.7433	93.5947
1978/04/02	9.578358	0.057597	49.1140	0.0332529	2.4852	113.7386	94.7185
1979/05/07	9.580880	0.056886	61.7377	0.0332398	2.4852	113.7376	95.5079
1980/06/10	9.578040	0.055452	74.9518	0.0332546	2.4851	113.7342	95.7563
1981/07/15	9.574995	0.053616	88.5267	0.0332704	2.4848	113.7167	95.6954
1982/08/19	9.575025	0.051989	102.1748	0.0332703	2.4847	113.7020	95.5438
1983/09/23	9.572530	0.051008	116.3017	0.0332833	2.4847	113.7048	94.8613
1984/10/27	9.565423	0.050821	130.8749	0.0333204	2.4846	113.7112	93.6992
1985/12/01	9.554060	0.051490	145.4855	0.0333798	2.4846	113.7109	92.4781
1987/01/05	9.540497	0.052785	159.6327	0.0334510	2.4850	113.7020	91.7055
1988/02/09	9.528137	0.054168	173.0338	0.0335161	2.4858	113.6898	91.6655
1989/03/15	9.519831	0.055087	185.8380	0.0335600	2.4867	113.6812	92.2128
1990/04/19	9.516318	0.055328	198.4420	0.0335786	2.4873	113.6784	92.9576
1991/05/24	9.517156	0.054975	211.2402	0.0335742	2.4874	113.6783	93.5142
1992/06/27	9.521972	0.054225	224.4907	0.0335487	2.4871	113.6758	93.6259
1993/08/01	9.530051	0.053343	238.2931	0.0335061	2.4864	113.6683	93.1884
1994/09/05	9.540240	0.052628	252.5961	0.0334524	2.4858	113.6570	92.2503
1995/10/10	9.551793	0.052335	267.2550	0.0333917	2.4854	113.6445	90.9596
1996/11/13	9.564032	0.052632	281.9905	0.0333276	2.4852	113.6366	89.5999
1997/12/18	9.575048	0.053512	296.3272	0.0332701	2.4852	113.6371	88.6528
1999/01/22	9.581183	0.054691	309.7045	0.0332382	2.4852	113.6441	88.6950

Saturn

Datum	a	e	M	n	i	Ω	ϖ
2000/02/26	9.581886	0.055873	322.0087	0.0332345	2.4853	113.6410	89.8684
2001/04/01	9.583859	0.057066	333.9590	0.0332243	2.4856	113.6288	91.4251
2002/05/06	9.585629	0.057732	346.1125	0.0332151	2.4857	113.6263	92.7200
2003/06/10	9.581741	0.057487	358.5311	0.0332353	2.4857	113.6260	93.6946
2004/07/14	9.573466	0.056631	11.3605	0.0332784	2.4860	113.6248	94.2362
2005/08/18	9.562904	0.055539	24.7205	0.0333335	2.4865	113.6252	94.2392
2006/09/22	9.551250	0.054509	38.6342	0.0333946	2.4872	113.6294	93.6859
2007/10/27	9.539039	0.053776	53.0421	0.0334587	2.4878	113.6370	92.6371
2008/11/30	9.528006	0.053559	67.6397	0.0335168	2.4880	113.6422	91.3987
2010/01/04	9.520556	0.053928	81.9443	0.0335562	2.4879	113.6384	90.4472
2011/02/08	9.518299	0.054627	95.5533	0.0335681	2.4877	113.6228	90.1834
2012/03/14	9.521679	0.055209	108.3850	0.0335503	2.4876	113.6008	90.6943
2013/04/18	9.529811	0.055277	120.7119	0.0335073	2.4877	113.5822	91.7172
2014/05/23	9.541064	0.054730	132.9214	0.0334481	2.4879	113.5728	92.8648
2015/06/27	9.552877	0.053751	145.4152	0.0333860	2.4878	113.5740	93.7334
2016/07/31	9.563574	0.052607	158.4295	0.0333300	2.4875	113.5814	94.0877
2017/09/04	9.572240	0.051568	172.0711	0.0332848	2.4869	113.5897	93.8264
2018/10/09	9.578313	0.050902	186.3120	0.0332531	2.4864	113.5942	92.9844
2019/11/13	9.580611	0.050934	201.0347	0.0332412	2.4862	113.5950	91.6948
2020/12/17	9.580940	0.051639	216.0305	0.0332395	2.4863	113.5952	90.1772
2022/01/21	9.581071	0.052645	230.7037	0.0332388	2.4863	113.5957	88.9757
2023/02/25	9.576662	0.053808	244.3306	0.0332617	2.4867	113.6009	88.7735
2024/03/31	9.566631	0.054809	256.9074	0.0333141	2.4873	113.6132	89.5848
2025/05/05	9.553604	0.055317	268.9161	0.0333822	2.4878	113.6266	90.9444
2026/06/09	9.540848	0.055255	280.9111	0.0334492	2.4879	113.6330	92.3112
2027/07/14	9.530277	0.054754	293.2507	0.0335049	2.4879	113.6287	93.3323
2028/08/17	9.522183	0.054024	306.0553	0.0335476	2.4879	113.6166	93.8902
2029/09/21	9.516761	0.053295	319.3512	0.0335763	2.4882	113.6007	93.9608
2030/10/26	9.514905	0.052832	333.1118	0.0335861	2.4886	113.5864	93.5696
2031/11/30	9.517412	0.052861	347.1832	0.0335728	2.4890	113.5768	92.8635
2033/01/03	9.524182	0.053471	1.2204	0.0335370	2.4892	113.5743	92.1861
2034/02/07	9.535180	0.054602	14.8314	0.0334790	2.4889	113.5755	91.9333
2035/03/14	9.549276	0.055931	27.7594	0.0334049	2.4881	113.5746	92.3677
2036/04/17	9.563745	0.056976	40.1061	0.0333291	2.4873	113.5688	93.3891
2037/05/22	9.574599	0.057308	52.3047	0.0332725	2.4869	113.5626	94.5685
2038/06/26	9.579870	0.056839	64.7961	0.0332450	2.4868	113.5604	95.4752
2039/07/31	9.579120	0.055676	77.9258	0.0332489	2.4868	113.5601	95.7814
2040/09/03	9.575511	0.054025	91.6652	0.0332677	2.4866	113.5473	95.5344
2041/10/08	9.574474	0.052314	105.5681	0.0332731	2.4865	113.5281	95.1422
2042/11/12	9.573458	0.051128	119.6976	0.0332784	2.4865	113.5253	94.4787
2043/12/17	9.568040	0.050768	134.2350	0.0333067	2.4864	113.5317	93.3660
2045/01/20	9.558092	0.051283	148.8443	0.0333587	2.4864	113.5330	92.1569
2046/02/24	9.544918	0.052521	163.0403	0.0334278	2.4867	113.5262	91.3426
2047/03/31	9.531669	0.053974	176.5222	0.0334975	2.4875	113.5161	91.2292
2048/05/04	9.521709	0.055045	189.3714	0.0335501	2.4884	113.5086	91.7377
2049/06/08	9.516478	0.055439	201.9718	0.0335778	2.4891	113.5063	92.4903

Uranus

Datum	a	e	M	n	i	Ω	ϖ
1949/10/11	19.158504	0.046286	285.5139	0.0117536	0.7732	73.9882	172.4449
1950/11/15	19.186019	0.046061	292.0829	0.0117283	0.7732	73.9892	170.4996
1951/12/20	19.227085	0.046741	299.2106	0.0116908	0.7737	74.0056	168.0401
1953/01/23	19.266174	0.048116	305.7044	0.0116552	0.7742	74.0300	166.2689
1954/02/27	19.290424	0.049595	310.9224	0.0116332	0.7746	74.0492	165.8189
1955/04/03	19.295187	0.050623	314.9855	0.0116289	0.7747	74.0538	166.5422
1956/05/07	19.282465	0.050936	318.3453	0.0116404	0.7745	74.0417	167.9590
1957/06/11	19.255167	0.050436	321.3782	0.0116652	0.7742	74.0143	169.6742
1958/07/16	19.217553	0.049223	324.3681	0.0116995	0.7738	73.9707	171.4008
1959/08/20	19.176684	0.047551	327.6681	0.0117369	0.7734	73.9214	172.7840
1960/09/23	19.140484	0.045764	331.6617	0.0117702	0.7732	73.8803	173.4361
1961/10/28	19.117071	0.044319	336.6461	0.0117918	0.7731	73.8669	173.0610
1962/12/02	19.113891	0.043774	342.5533	0.0117948	0.7732	73.8852	171.7439
1964/01/06	19.134591	0.044525	348.7701	0.0117756	0.7733	73.9322	170.1294
1965/02/09	19.173820	0.046374	354.4738	0.0117395	0.7733	73.9898	169.0680
1966/03/16	19.217925	0.048555	359.2866	0.0116991	0.7733	74.0408	168.9457
1967/04/20	19.253626	0.050302	3.3464	0.0116666	0.7733	74.0697	169.6184
1968/05/24	19.274446	0.051241	6.9902	0.0116477	0.7733	74.0709	170.7365
1969/06/28	19.279902	0.051342	10.5406	0.0116428	0.7733	74.0516	171.9622
1970/08/02	19.270911	0.050695	14.3298	0.0116509	0.7735	74.0225	172.9421
1971/09/06	19.246978	0.049355	18.6636	0.0116727	0.7737	73.9973	173.3560
1972/10/10	19.211619	0.047604	23.7680	0.0117049	0.7738	73.9797	172.9681
1973/11/14	19.172761	0.045956	29.7045	0.0117405	0.7738	73.9800	171.7068
1974/12/19	19.143111	0.045092	36.0931	0.0117678	0.7736	73.9998	169.9465
1976/01/23	19.132796	0.045358	42.1393	0.0117773	0.7730	74.0373	168.4931
1977/02/26	19.146007	0.046543	47.0429	0.0117651	0.7724	74.0737	168.1816
1978/04/02	19.178248	0.048085	50.6775	0.0117355	0.7719	74.0944	169.1684
1979/05/07	19.220055	0.049453	53.4544	0.0116972	0.7719	74.0968	171.0559
1980/06/10	19.261227	0.050332	55.9546	0.0116597	0.7722	74.0878	173.2588
1981/07/15	19.293033	0.050519	58.6684	0.0116309	0.7727	74.0759	175.2837
1982/08/19	19.311571	0.050010	61.8805	0.0116141	0.7734	74.0647	176.8409
1983/09/23	19.314346	0.048925	65.8742	0.0116116	0.7740	74.0577	177.6358
1984/10/27	19.299800	0.047551	70.9615	0.0116248	0.7745	74.0557	177.3349
1985/12/01	19.266995	0.046303	77.4179	0.0116545	0.7746	74.0558	175.6389
1987/01/05	19.223243	0.045681	84.8523	0.0116943	0.7741	74.0516	172.9207
1988/02/09	19.182917	0.045949	92.1402	0.0117312	0.7733	74.0394	170.2946
1989/03/15	19.159480	0.046810	98.1818	0.0117527	0.7725	74.0230	168.8710
1990/04/19	19.157306	0.047693	102.7258	0.0117547	0.7720	74.0095	168.9278
1991/05/24	19.172992	0.048157	106.1742	0.0117403	0.7719	74.0043	170.0925
1992/06/27	19.201036	0.048024	109.0163	0.0117146	0.7721	74.0118	171.8932
1993/08/01	19.235292	0.047322	111.6887	0.0116833	0.7725	74.0322	173.8979
1994/09/05	19.268515	0.046194	114.6552	0.0116531	0.7730	74.0619	175.6432
1995/10/10	19.293455	0.044836	118.4058	0.0116305	0.7733	74.0873	176.6421
1996/11/13	19.303942	0.043545	123.3542	0.0116210	0.7735	74.0985	176.4781
1997/12/18	19.295704	0.042789	129.6187	0.0116285	0.7733	74.0844	175.0137
1999/01/22	19.266986	0.043123	136.7808	0.0116545	0.7730	74.0443	172.6302

Uranus

Datum	a	e	M	n	i	Ω	ϖ
2000/02/26	19.223525	0.044654	143.8608	0.0116940	0.7725	73.9808	170.2773
2001/04/01	19.178941	0.046794	149.9314	0.0117348	0.7721	73.9137	168.8737
2002/05/06	19.146062	0.048703	154.7968	0.0117651	0.7718	73.8654	168.6303
2003/06/10	19.131105	0.049830	158.7451	0.0117789	0.7718	73.8514	169.2791
2004/07/14	19.132755	0.050073	162.2433	0.0117773	0.7718	73.8720	170.3751
2005/08/18	19.148863	0.049449	165.6822	0.0117625	0.7719	73.9121	171.5465
2006/09/22	19.176262	0.048094	169.3865	0.0117373	0.7719	73.9626	172.4821
2007/10/27	19.211189	0.046224	173.6523	0.0117053	0.7719	74.0093	172.8957
2008/11/30	19.245197	0.044358	178.7387	0.0116743	0.7719	74.0450	172.5331
2010/01/04	19.267978	0.043154	184.7323	0.0116536	0.7719	74.0490	171.3116
2011/02/08	19.271381	0.043135	191.1131	0.0116505	0.7720	74.0194	169.7312
2012/03/14	19.253623	0.044327	196.9692	0.0116666	0.7722	73.9709	168.6652
2013/04/18	19.221278	0.046182	201.7097	0.0116961	0.7724	73.9325	168.6662
2014/05/23	19.184218	0.048043	205.4763	0.0117300	0.7725	73.9213	169.5856
2015/06/27	19.153039	0.049361	208.7801	0.0117586	0.7724	73.9340	170.9253
2016/07/31	19.134145	0.049875	212.0688	0.0117761	0.7721	73.9651	172.2532
2017/09/04	19.130824	0.049516	215.6833	0.0117791	0.7716	74.0056	173.2410
2018/10/09	19.142814	0.048427	219.8832	0.0117681	0.7710	74.0504	173.6422
2019/11/13	19.169564	0.046855	225.0106	0.0117434	0.7705	74.0842	173.1351
2020/12/17	19.208723	0.045192	231.3232	0.0117075	0.7703	74.0982	171.4814
2022/01/21	19.252624	0.044024	238.6458	0.0116675	0.7705	74.0888	168.8704
2023/02/25	19.287853	0.043870	246.0417	0.0116356	0.7711	74.0659	166.2388
2024/03/31	19.302664	0.044731	252.3383	0.0116222	0.7718	74.0410	164.7398
2025/05/05	19.295154	0.046065	257.0811	0.0116290	0.7725	74.0227	164.7929
2026/06/09	19.271383	0.047286	260.5869	0.0116505	0.7729	74.0139	166.0505
2027/07/14	19.238997	0.048071	263.3876	0.0116799	0.7730	74.0128	167.9685
2028/08/17	19.204982	0.048349	265.9807	0.0117110	0.7727	74.0153	170.0544
2029/09/21	19.175940	0.048154	268.8219	0.0117376	0.7722	74.0160	171.8621
2030/10/26	19.158519	0.047584	272.3722	0.0117536	0.7716	74.0131	172.9393
2031/11/30	19.157575	0.046811	277.0023	0.0117545	0.7711	74.0087	172.9221
2033/01/03	19.175113	0.046209	282.8820	0.0117383	0.7710	74.0064	171.6587
2034/02/07	19.209959	0.046256	289.8215	0.0117064	0.7712	74.0125	169.3653
2035/03/14	19.253604	0.047219	296.9768	0.0116666	0.7718	74.0305	166.9084
2036/04/17	19.292518	0.048812	303.3341	0.0116314	0.7725	74.0574	165.3016
2037/05/22	19.313400	0.050345	308.3311	0.0116125	0.7730	74.0803	165.0870
2038/06/26	19.313008	0.051319	312.1645	0.0116128	0.7731	74.0861	166.0432
2039/07/31	19.294503	0.051523	315.2997	0.0116296	0.7729	74.0721	167.6819
2040/09/03	19.263728	0.050989	318.1776	0.0116574	0.7725	74.0402	169.5486
2041/10/08	19.225324	0.049794	321.1204	0.0116924	0.7721	73.9991	171.3121
2042/11/12	19.184583	0.048145	324.3962	0.0117296	0.7717	73.9507	172.7064
2043/12/17	19.149943	0.046424	328.3796	0.0117615	0.7714	73.9091	173.3583
2045/01/20	19.130684	0.045154	333.3607	0.0117793	0.7713	73.8884	172.9841
2046/02/24	19.134244	0.044891	339.2786	0.0117760	0.7713	73.9043	171.6597
2047/03/31	19.159547	0.045827	345.4271	0.0117526	0.7715	73.9485	170.1219
2048/05/04	19.198407	0.047643	350.9944	0.0117170	0.7715	73.9971	169.2117
2049/06/08	19.237843	0.049606	355.6757	0.0116810	0.7715	74.0297	169.2394

Neptun

Datum	a	e	M	n	i	Ω	ϖ
1949/10/11	30.082988	0.007473	160.1461	0.0059736	1.7704	131.8345	35.2149
1950/11/15	30.020709	0.009666	162.6366	0.0059922	1.7707	131.8512	35.0405
1951/12/20	29.993562	0.010919	160.1168	0.0060003	1.7706	131.8479	39.8189
1953/01/23	30.014039	0.010744	155.0416	0.0059942	1.7703	131.8211	47.1524
1954/02/27	30.074869	0.009295	148.0800	0.0059760	1.7699	131.7793	56.4215
1955/04/03	30.151972	0.007236	139.6441	0.0059531	1.7696	131.7391	67.2358
1956/05/07	30.221226	0.005181	130.9378	0.0059326	1.7694	131.7135	78.3847
1957/06/11	30.265237	0.003436	127.2731	0.0059197	1.7694	131.7096	84.5409
1958/07/16	30.277531	0.002198	143.3462	0.0059161	1.7694	131.7234	70.9885
1959/08/20	30.255359	0.002527	182.6655	0.0059226	1.7695	131.7521	34.1904
1960/09/23	30.198789	0.004560	196.5351	0.0059392	1.7696	131.7894	22.8114
1961/10/28	30.115603	0.007347	195.6517	0.0059639	1.7696	131.8288	26.1257
1962/12/02	30.028088	0.010125	191.4236	0.0059900	1.7696	131.8529	32.7062
1964/01/06	29.967200	0.011988	186.6893	0.0060082	1.7696	131.8503	39.7191
1965/02/09	29.953830	0.012330	182.1874	0.0060122	1.7697	131.8213	46.4629
1966/03/16	29.985552	0.011252	178.4425	0.0060027	1.7699	131.7835	52.4672
1967/04/20	30.045399	0.009271	176.3529	0.0059848	1.7701	131.7528	56.8734
1968/05/24	30.113849	0.006985	177.5530	0.0059644	1.7702	131.7365	58.0577
1969/06/28	30.175045	0.004958	185.5494	0.0059463	1.7702	131.7369	52.5037
1970/08/02	30.214293	0.003919	203.7905	0.0059347	1.7700	131.7530	36.7444
1971/09/06	30.220735	0.004362	221.3315	0.0059328	1.7696	131.7854	21.7092
1972/10/10	30.190697	0.005860	225.3391	0.0059416	1.7692	131.8230	20.2054
1973/11/14	30.128005	0.007911	220.6010	0.0059602	1.7687	131.8551	27.4104
1974/12/19	30.049361	0.010046	213.1073	0.0059836	1.7685	131.8666	37.2953
1976/01/23	29.980250	0.011689	205.7965	0.0060043	1.7687	131.8553	46.9116
1977/02/26	29.948733	0.012158	200.3003	0.0060138	1.7693	131.8258	54.6604
1978/04/02	29.964930	0.011208	197.1816	0.0060089	1.7701	131.7894	60.0288
1979/05/07	30.020737	0.009125	197.3410	0.0059922	1.7708	131.7581	62.1573
1980/06/10	30.096665	0.006588	203.1187	0.0059695	1.7712	131.7391	58.7227
1981/07/15	30.173735	0.004507	221.5323	0.0059466	1.7713	131.7379	42.7166
1982/08/19	30.238587	0.004026	254.5052	0.0059275	1.7709	131.7503	12.2110
1983/09/23	30.278324	0.005162	274.8245	0.0059159	1.7702	131.7718	354.4046
1984/10/27	30.281370	0.006607	276.8843	0.0059150	1.7694	131.7945	354.8764
1985/12/01	30.239603	0.007850	268.0219	0.0059272	1.7687	131.8135	6.2546
1987/01/05	30.163179	0.009018	254.2534	0.0059498	1.7684	131.8211	22.4846
1988/02/09	30.079669	0.010057	241.0756	0.0059746	1.7688	131.8134	38.0405
1989/03/15	30.020680	0.010505	231.8164	0.0059922	1.7697	131.7940	49.6016
1990/04/19	30.002215	0.010033	227.3017	0.0059977	1.7708	131.7727	56.3813
1991/05/24	30.023040	0.008783	228.4285	0.0059915	1.7717	131.7583	57.5315
1992/06/27	30.073721	0.007239	237.6186	0.0059763	1.7720	131.7532	50.6614
1993/08/01	30.140901	0.006248	257.1547	0.0059564	1.7718	131.7559	33.4986
1994/09/05	30.208060	0.006606	279.6003	0.0059365	1.7712	131.7635	13.4813
1995/10/10	30.258193	0.007984	292.5026	0.0059218	1.7701	131.7749	3.0612
1996/11/13	30.276026	0.009477	294.9251	0.0059165	1.7689	131.7863	3.1641
1997/12/18	30.251419	0.010542	289.9292	0.0059237	1.7678	131.7945	10.6969
1999/01/22	30.184029	0.011044	279.5034	0.0059436	1.7675	131.7964	23.6187

Neptun

Datum	a	e	M	n	i	Ω	ϖ
2000/02/26	30.091742	0.011221	266.0708	0.0059710	1.7681	131.7938	39.4666
2001/04/01	30.006761	0.011207	253.6604	0.0059963	1.7692	131.7899	54.2064
2002/05/06	29.955146	0.010792	245.5282	0.0060119	1.7704	131.7873	64.6131
2003/06/10	29.946862	0.009749	243.2790	0.0060143	1.7713	131.7864	69.1188
2004/07/14	29.974915	0.008291	247.8979	0.0060059	1.7717	131.7865	66.7699
2005/08/18	30.029459	0.007043	261.8089	0.0059895	1.7716	131.7862	55.1687
2006/09/22	30.098695	0.006894	283.2466	0.0059689	1.7709	131.7841	36.0964
2007/10/27	30.170014	0.008150	301.2402	0.0059477	1.7699	131.7793	20.5320
2008/11/30	30.223665	0.009937	309.4147	0.0059319	1.7689	131.7733	14.8423
2010/01/04	30.237921	0.011249	309.3809	0.0059277	1.7682	131.7686	17.3985
2011/02/08	30.203952	0.011609	303.6073	0.0059377	1.7682	131.7688	25.6889
2012/03/14	30.133769	0.011151	294.0290	0.0059585	1.7689	131.7763	37.7290
2013/04/18	30.057341	0.010281	283.6781	0.0059812	1.7701	131.7899	50.4585
2014/05/23	29.999063	0.009209	275.4911	0.0059987	1.7713	131.8060	60.9522
2015/06/27	29.973697	0.008035	272.6995	0.0060063	1.7721	131.8181	66.0158
2016/07/31	29.984904	0.006929	278.6938	0.0060029	1.7724	131.8222	62.2920
2017/09/04	30.030410	0.006489	295.7000	0.0059893	1.7720	131.8159	47.5798
2018/10/09	30.100809	0.007441	316.1642	0.0059683	1.7713	131.8016	29.4487
2019/11/13	30.181529	0.009605	329.0345	0.0059443	1.7704	131.7808	18.9710
2020/12/17	30.254894	0.012090	333.9196	0.0059227	1.7695	131.7583	16.5503
2022/01/21	30.298966	0.013996	333.7211	0.0059098	1.7688	131.7409	19.2754
2023/02/25	30.295386	0.014646	330.3704	0.0059109	1.7687	131.7391	25.1726
2024/03/31	30.242636	0.013880	324.8210	0.0059263	1.7693	131.7559	33.2335
2025/05/05	30.162510	0.012207	317.9671	0.0059500	1.7701	131.7834	42.5291
2026/06/09	30.085061	0.010336	311.4964	0.0059730	1.7708	131.8090	51.3698
2027/07/14	30.031190	0.008682	308.1450	0.0059890	1.7711	131.8236	57.0357
2028/08/17	30.008400	0.007444	310.7253	0.0059959	1.7712	131.8260	56.7392
2029/09/21	30.017660	0.006945	320.5593	0.0059931	1.7710	131.8142	49.1861
2030/10/26	30.057232	0.007620	333.6735	0.0059812	1.7705	131.7900	38.3775
2031/11/30	30.122242	0.009495	343.3221	0.0059619	1.7699	131.7550	31.0811
2033/01/03	30.195628	0.011898	347.4393	0.0059402	1.7694	131.7231	29.3792
2034/02/07	30.251811	0.013900	347.4422	0.0059236	1.7692	131.7068	31.8612
2035/03/14	30.265185	0.014666	344.8162	0.0059197	1.7693	131.7160	37.0186
2036/04/17	30.229190	0.013962	340.5907	0.0059303	1.7696	131.7465	43.7726
2037/05/22	30.158064	0.012117	335.7802	0.0059513	1.7700	131.7862	51.0548
2038/06/26	30.074626	0.009713	331.1967	0.0059761	1.7703	131.8246	58.0354
2039/07/31	30.000891	0.007334	328.4625	0.0059981	1.7705	131.8498	63.1009
2040/09/03	29.951755	0.005432	331.0278	0.0060129	1.7705	131.8576	62.8245
2041/10/08	29.938001	0.004541	344.3126	0.0060170	1.7704	131.8430	51.8058
2042/11/12	29.960635	0.005147	2.2041	0.0060102	1.7704	131.8142	36.1783
2043/12/17	30.017002	0.007114	11.2018	0.0059933	1.7703	131.7784	29.4735
2045/01/20	30.096373	0.009743	12.1710	0.0059696	1.7703	131.7478	30.8583
2046/02/24	30.178579	0.012302	9.5310	0.0059452	1.7704	131.7321	35.9348
2047/03/31	30.234361	0.013953	6.0323	0.0059288	1.7703	131.7396	41.9373
2048/05/04	30.241579	0.014080	2.8335	0.0059266	1.7702	131.7700	47.6646
2049/06/08	30.202855	0.012784	0.5908	0.0059380	1.7700	131.8091	52.4109

A.8 Oskulierende Bahnelemente der äußeren Planeten **149**

Pluto

Datum	a	e	M	n	i	Ω	ϖ
1949/10/11	39.395126	0.249145	301.4586	0.0039860	17.1691	110.3657	224.6531
1950/11/15	39.369932	0.247814	302.9454	0.0039899	17.1594	110.3475	224.6126
1951/12/20	39.423278	0.247134	304.8361	0.0039818	17.1411	110.3108	224.1824
1953/01/23	39.535463	0.247545	306.9941	0.0039648	17.1231	110.2716	223.5567
1954/02/27	39.664735	0.248941	309.1784	0.0039455	17.1126	110.2472	222.9973
1955/04/03	39.765819	0.250718	311.1711	0.0039304	17.1122	110.2466	222.6981
1956/05/07	39.811859	0.252236	312.8786	0.0039236	17.1203	110.2684	222.7115
1957/06/11	39.791723	0.253037	314.2910	0.0039266	17.1336	110.3068	223.0122
1958/07/16	39.711917	0.252959	315.4676	0.0039384	17.1485	110.3529	223.5193
1959/08/20	39.590431	0.252001	316.5089	0.0039566	17.1612	110.3951	224.1122
1960/09/23	39.451563	0.250286	317.5347	0.0039775	17.1682	110.4198	224.6531
1961/10/28	39.327562	0.248159	318.6882	0.0039963	17.1672	110.4157	224.9933
1962/12/02	39.258820	0.246305	320.1226	0.0040068	17.1583	110.3789	225.0018
1964/01/06	39.277824	0.245553	321.9212	0.0040039	17.1451	110.3194	224.6444
1965/02/09	39.381228	0.246304	323.9948	0.0039881	17.1328	110.2595	224.0622
1966/03/16	39.525283	0.248174	326.1177	0.0039664	17.1257	110.2217	223.5057
1967/04/20	39.657727	0.250377	328.0927	0.0039465	17.1248	110.2168	223.1671
1968/05/24	39.744964	0.252225	329.8418	0.0039335	17.1287	110.2418	223.1013
1969/06/28	39.774473	0.253317	331.3767	0.0039291	17.1349	110.2863	223.2685
1970/08/02	39.744240	0.253413	332.7463	0.0039336	17.1411	110.3357	223.5895
1971/09/06	39.655770	0.252384	333.9995	0.0039468	17.1458	110.3773	223.9926
1972/10/10	39.528065	0.250421	335.2235	0.0039659	17.1479	110.3978	224.3733
1973/11/14	39.396911	0.248051	336.5365	0.0039858	17.1469	110.3858	224.6012
1974/12/19	39.314316	0.246198	338.0666	0.0039983	17.1436	110.3382	224.5520
1976/01/23	39.317276	0.245704	339.8484	0.0039979	17.1397	110.2694	224.2212
1977/02/26	39.409255	0.246913	341.7803	0.0039839	17.1371	110.2096	223.7664
1978/04/02	39.558037	0.249405	343.7036	0.0039614	17.1363	110.1819	223.3846
1979/05/07	39.717043	0.252338	345.5014	0.0039377	17.1364	110.1929	223.2005
1980/06/10	39.846907	0.254902	347.1407	0.0039184	17.1365	110.2329	223.2277
1981/07/15	39.916442	0.256447	348.6279	0.0039082	17.1358	110.2895	223.4388
1982/08/19	39.914936	0.256708	350.0041	0.0039084	17.1344	110.3495	223.7734
1983/09/23	39.842292	0.255612	351.3274	0.0039191	17.1325	110.3989	224.1499
1984/10/27	39.712823	0.253355	352.6728	0.0039383	17.1313	110.4228	224.4653
1985/12/01	39.552462	0.250379	354.1195	0.0039623	17.1322	110.4099	224.6129
1987/01/05	39.409313	0.247613	355.7195	0.0039839	17.1361	110.3629	224.5348
1988/02/09	39.338601	0.246189	357.4589	0.0039946	17.1421	110.3010	224.2671
1989/03/15	39.365343	0.246661	359.2411	0.0039906	17.1478	110.2507	223.9519
1990/04/19	39.468834	0.248637	0.9584	0.0039749	17.1505	110.2290	223.7374
1991/05/24	39.601823	0.251165	2.5554	0.0039549	17.1492	110.2382	223.7003
1992/06/27	39.723899	0.253434	4.0362	0.0039366	17.1438	110.2706	223.8391
1993/08/01	39.809114	0.254939	5.4402	0.0039240	17.1356	110.3148	224.1026
1994/09/05	39.838776	0.255345	6.8249	0.0039196	17.1270	110.3575	224.4128
1995/10/10	39.797990	0.254409	8.2555	0.0039257	17.1204	110.3868	224.6820
1996/11/13	39.684900	0.252148	9.7983	0.0039425	17.1189	110.3933	224.8186
1997/12/18	39.522648	0.249066	11.5012	0.0039668	17.1244	110.3731	224.7451
1999/01/22	39.361675	0.246192	13.3599	0.0039911	17.1372	110.3306	224.4389

Pluto

Datum	a	e	M	n	i	Ω	ϖ
2000/02/26	39.256164	0.244577	15.2837	0.0040072	17.1534	110.2811	223.9929
2001/04/01	39.239453	0.244741	17.1228	0.0040098	17.1666	110.2441	223.5976
2002/05/06	39.305747	0.246375	18.7731	0.0039996	17.1721	110.2303	223.4083
2003/06/10	39.428788	0.248821	20.2167	0.0039809	17.1682	110.2390	223.4757
2004/07/14	39.571385	0.251339	21.5168	0.0039594	17.1572	110.2616	223.7422
2005/08/18	39.698606	0.253303	22.7565	0.0039404	17.1425	110.2894	224.1250
2006/09/22	39.783737	0.254299	24.0189	0.0039278	17.1276	110.3148	224.5334
2007/10/27	39.807976	0.254096	25.3818	0.0039242	17.1161	110.3323	224.8775
2008/11/30	39.763620	0.252751	26.9240	0.0039307	17.1123	110.3376	225.0465
2010/01/04	39.652446	0.250546	28.7140	0.0039473	17.1195	110.3293	224.9311
2011/02/08	39.510069	0.248283	30.7118	0.0039686	17.1361	110.3122	224.5357
2012/03/14	39.392224	0.246913	32.7535	0.0039865	17.1555	110.2951	224.0157
2013/04/18	39.347248	0.246980	34.6196	0.0039933	17.1686	110.2855	223.6193
2014/05/23	39.382063	0.248262	36.2082	0.0039880	17.1708	110.2840	223.4901
2015/06/27	39.473498	0.250097	37.5456	0.0039742	17.1626	110.2876	223.6429
2016/07/31	39.592674	0.251889	38.7154	0.0039562	17.1471	110.2925	224.0173
2017/09/04	39.713431	0.253203	39.8123	0.0039382	17.1282	110.2962	224.5286
2018/10/09	39.812406	0.253780	40.9367	0.0039235	17.1104	110.2975	225.0711
2019/11/13	39.860498	0.253375	42.2207	0.0039164	17.0990	110.2969	225.5007
2020/12/17	39.836073	0.251941	43.7837	0.0039200	17.0986	110.2970	225.6767
2022/01/21	39.736699	0.249820	45.6895	0.0039347	17.1112	110.3010	225.4953
2023/02/25	39.592136	0.247798	47.8668	0.0039563	17.1331	110.3104	224.9766
2024/03/31	39.452602	0.246677	50.1090	0.0039773	17.1562	110.3230	224.2967
2025/05/05	39.361957	0.246727	52.1774	0.0039911	17.1719	110.3333	223.7115
2026/06/09	39.338450	0.247648	53.9342	0.0039946	17.1759	110.3363	223.4073
2027/07/14	39.377806	0.248951	55.3682	0.0039887	17.1687	110.3296	223.4385
2028/08/17	39.460557	0.250202	56.5648	0.0039761	17.1539	110.3144	223.7451
2029/09/21	39.561531	0.251062	57.6488	0.0039609	17.1363	110.2943	224.2178
2030/10/26	39.653674	0.251269	58.7591	0.0039471	17.1212	110.2752	224.7282
2031/11/30	39.713858	0.250693	60.0202	0.0039381	17.1128	110.2636	225.1542
2033/01/03	39.719764	0.249461	61.5603	0.0039373	17.1148	110.2667	225.3443
2034/02/07	39.657073	0.247964	63.4735	0.0039466	17.1284	110.2892	225.1603
2035/03/14	39.539145	0.246864	65.7036	0.0039643	17.1496	110.3266	224.6006
2036/04/17	39.408800	0.246673	68.0130	0.0039840	17.1699	110.3649	223.8692
2037/05/22	39.317466	0.247453	70.0961	0.0039978	17.1807	110.3865	223.2764
2038/06/26	39.288196	0.248816	71.8098	0.0040023	17.1792	110.3832	223.0005
2039/07/31	39.319902	0.250243	73.1661	0.0039975	17.1676	110.3565	223.0751
2040/09/03	39.396600	0.251320	74.2714	0.0039858	17.1503	110.3144	223.4319
2041/10/08	39.502436	0.251755	75.2327	0.0039698	17.1315	110.2662	223.9937
2042/11/12	39.617513	0.251463	76.1715	0.0039525	17.1155	110.2224	224.6494
2043/12/17	39.712971	0.250458	77.2573	0.0039383	17.1066	110.1970	225.2347
2045/01/20	39.758418	0.248956	78.6635	0.0039315	17.1083	110.2024	225.5639
2046/02/24	39.732588	0.247417	80.5039	0.0039354	17.1210	110.2432	225.4873
2047/03/31	39.645772	0.246502	82.6894	0.0039483	17.1395	110.3053	225.0290
2048/05/04	39.533210	0.246658	84.9699	0.0039652	17.1557	110.3625	224.3816
2049/06/08	39.437955	0.247727	87.0698	0.0039795	17.1638	110.3922	223.8140

A.9 Bahnelemente periodischer Kometen

Auf den folgenden Seiten sind die oskulierenden Bahnelemente der nummerierten periodischen Kometen wiedergegeben.

Bezeichnungen

q Periheldistanz (in AE)
e Exzentrizität
i Bahnneigung (in Grad)
ω Argument des Perihels (in Grad)
Ω Länge des aufsteigenden Knotens (in Grad)
t_0 Perihelzeit

Die Lageelemente der Bahn beziehen sich auf die Ekliptik und den Frühlingspunkt von J2000.0. Die Epoche gibt zusätzlich an, zu welchem Zeitpunkt die Bahn durch die jeweiligen Elemente exakt dargestellt wird (Quelle: DASTCOM Datenbank, JPL).

Name	q	e	i
1P/Halley	0.58710375	0.96727725	162.24220
2P/Encke	0.33139601	0.85001315	11.92939
4P/Faye	1.65701493	0.56825174	9.04903
6P/d'Arrest	1.34581356	0.61404600	19.52380
7P/Pons-Winnecke	1.25589097	0.63442466	22.30141
8P/Tuttle	0.99773385	0.82408794	54.69256
9P/Tempel 1	1.50004820	0.51895320	10.54133
10P/Tempel 2	1.48168018	0.52281689	11.97668
12P/Pons-Brooks	0.78077931	0.95460366	74.19157
13P/Olbers	1.17550118	0.93029461	44.66567
14P/Wolf	2.41262942	0.40714946	27.52265
15P/Finlay	1.03555710	0.71030386	3.67366
16P/Brooks 2	1.84333196	0.49073052	5.54133
17P/Holmes	2.16549097	0.41202082	19.18783
18P/Perrine-Mrkos	1.29292831	0.63858409	17.83226
19P/Borrelly	1.36512421	0.62280412	30.27069
20D/Westphal	1.25404305	0.91982904	40.88769
21P/Giacobini-Zinner	1.03373176	0.70647162	31.85878
22P/Kopff	1.57957412	0.54407125	4.72104
23P/Brorsen-Metcalf	0.47875135	0.97195133	19.33387
24P/Schaumasse	1.20500491	0.70480955	11.75149
25D/Neujmin 2	1.27003833	0.58685073	5.36530
26P/Grigg-Skjellerup	0.99681083	0.66380542	21.08677
27P/Crommelin	0.74787245	0.91874173	28.95677
28P/Neujmin 1	1.55205765	0.77562607	14.18533
29P/Schwassmann-Wachmann 1	5.72358128	0.04416951	9.39208
30P/Reinmuth 1	1.87360216	0.50249143	8.12912
31P/Schwassmann-Wachmann 2	2.07025825	0.39874936	3.75301
32P/Comas Sola	1.84635906	0.56779170	12.91631
33P/Daniel	2.15719137	0.46360542	22.40938
34D/Gale	1.21370362	0.75813562	10.73379
35P/Herschel-Rigollet	0.74848998	0.97405000	64.20652
36P/Whipple	3.09387814	0.25871336	9.92710
37P/Forbes	1.44601843	0.56812137	7.16275
38P/Stephan-Oterma	1.57435631	0.85999759	17.98170
39P/Oterma	5.47072799	0.24457825	1.94317
40P/Vaisala 1	1.78301698	0.63471468	11.59603
41P/Tuttle-Giacobini-Kresak	1.06530912	0.65636466	9.22518
42P/Neujmin 3	2.00125543	0.58603709	3.98666
43P/Wolf-Harrington	1.58183173	0.54398150	18.51039
44P/Reinmuth 2	1.88972383	0.46451763	6.98177
45P/Honda-Mrkos-Pajdusakova	0.53204950	0.82423731	4.24849
46P/Wirtanen	1.06376390	0.65674830	11.72252
47P/Ashbrook-Jackson	2.30536317	0.39609280	12.51340
48P/Johnson	2.30830945	0.36725844	13.66434
49P/Arend-Rigaux	1.36859041	0.61154094	18.29066
50P/Arend	1.91669599	0.53035197	19.17919
51P/Harrington	1.57188950	0.56133966	8.65568
52P/Harrington-Abell	1.75598485	0.54290942	10.21845

A.9 Bahnelemente periodischer Kometen

ω	Ω	t_0	Epoche	
111.86560	58.86005	1986/02/09.45896	1986/02/19	1P
186.27258	334.72091	1997/05/23.59864	1997/06/01	2P
204.97524	199.33888	1999/05/06.11290	1999/05/22	4P
178.04972	138.98942	1995/07/27.32271	1995/07/22	6P
172.31408	93.42742	1996/01/02.45481	1995/12/29	7P
206.70267	270.54872	1994/06/25.28953	1994/06/17	8P
178.91110	68.96648	2000/01/02.61671	2000/01/17	9P
195.02291	118.21143	1999/09/08.42105	1999/09/19	10P
198.99022	255.85603	2024/04/20.99937	2024/05/10	12P
64.41250	85.84794	2024/06/30.45818	2024/06/19	13P
162.36362	204.12078	2000/11/21.07352	2000/12/02	14P
323.54088	42.04585	1995/05/05.04014	1995/05/03	15P
197.98867	176.94642	1994/09/01.07970	1994/09/05	16P
23.34814	328.01007	2000/05/11.82290	2000/05/16	17P
166.54165	240.62930	1995/12/06.04972	1995/11/19	18P
353.35833	75.42373	1994/11/01.49420	1994/10/15	19P
57.11521	347.99706	1913/11/26.83786	1913/11/09	20D
172.54254	195.39825	1998/11/21.31949	1998/11/03	21P
162.83731	120.90701	1996/07/02.19154	1996/07/16	22P
129.61071	311.58542	1989/09/11.93747	1989/10/01	23P
57.87410	79.83112	2001/05/02.65714	2001/05/11	24P
214.90346	307.83184	1998/01/07.29938	1998/01/27	25D
359.33163	213.30919	1997/08/30.30345	1997/08/20	26P
195.97956	250.63831	2011/08/03.80578	2011/07/18	27P
346.91911	347.03356	2002/12/27.38308	2003/01/01	28P
48.95651	312.71555	2004/07/10.83161	2004/07/14	29P
13.28898	119.74101	1995/09/03.32911	1995/08/31	30P
358.21799	126.24709	1994/01/23.91694	1994/01/08	31P
45.76331	60.87264	1996/06/10.47706	1996/06/06	32P
18.98807	66.58180	2000/06/23.46680	2000/06/25	33P
215.45725	59.94009	1992/12/17.60366	1992/12/04	34D
29.29806	355.98052	1939/08/09.46400	1939/08/05	35P
201.87497	182.49566	1994/12/22.42660	1995/01/03	36P
310.70465	334.36668	1999/05/04.18905	1999/05/22	37P
358.18136	79.19065	1980/12/05.16473	1980/11/17	38P
56.36396	331.58514	2002/12/21.77785	2003/01/01	39P
47.38325	135.07723	1993/04/29.16994	1993/05/13	40P
61.67971	141.49752	1995/07/28.79951	1995/07/22	41P
147.01171	150.42422	1993/11/13.05387	1993/11/29	42P
187.13318	254.75605	1997/09/29.21703	1997/09/29	43P
46.10315	296.06846	2001/02/19.99123	2001/02/20	44P
326.05112	89.15810	1995/12/25.98449	1995/12/29	45P
356.34154	82.20579	1997/03/14.15002	1997/03/13	46P
348.88444	2.60214	2001/01/06.49502	2001/01/11	47P
207.99095	117.35392	1997/10/31.84929	1997/11/08	48P
330.56153	121.72925	1998/07/12.59465	1998/07/06	49P
48.99424	355.38243	1999/08/03.76877	1999/08/10	50P
233.45528	119.26289	1994/08/23.23467	1994/09/05	51P
138.89977	337.28774	1999/01/27.87603	1999/01/22	52P

154 Anhang

Name	q	e	i
53P/Van Biesbroeck	2.41537912	0.55199393	6.61019
54P/de Vico-Swift	2.14544955	0.43068077	6.09606
55P/Tempel-Tuttle	0.97658525	0.90550379	162.48615
56P/Slaughter-Burnham	2.54307748	0.50356409	8.15588
57P/duToit-Neujmin-Delporte	1.71970246	0.50076832	2.84553
58P/Jackson-Neujmin	1.38116900	0.66142626	13.47858
59P/Kearns-Kwee	2.33916825	0.47655509	9.35204
60P/Tsuchinshan 2	1.77037848	0.50635631	6.71655
61P/Shajn-Schaldach	2.33010074	0.38947668	6.08445
62P/Tsuchinshan 1	1.49585365	0.57661040	10.49530
63P/Wild 1	1.96089518	0.64970810	19.93410
64P/Swift-Gehrels	1.33889408	0.69458990	8.43693
65P/Gunn	2.46194922	0.31630491	10.38038
66P/du Toit	1.27428031	0.78768253	18.70094
67P/Churyumov-Gerasimenko	1.30003262	0.63019260	7.11331
68P/Klemola	1.75451599	0.64131799	11.08869
69P/Taylor	1.94781524	0.46598698	20.54723
70P/Kojima	2.00329334	0.45448699	6.59957
71P/Clark	1.55258918	0.50199021	9.50505
72P/Denning-Fujikawa	0.79019972	0.81779162	9.12682
73P-C/Schwassmann-Wachmann 3	0.93277762	0.69483920	11.42375
74P/Smirnova-Chernykh	3.54579624	0.14832253	6.65237
75P/Kohoutek	1.78730015	0.49616245	5.90991
76P/West-Kohoutek-Ikemura	1.59585610	0.53985637	30.49911
77P/Longmore	2.39896890	0.34305931	24.40990
78P/Gehrels 2	2.00025121	0.46358182	6.25772
79P/du Toit-Hartley	1.20068484	0.60076751	2.93945
80P/Peters-Hartley	1.62392970	0.59801269	29.85532
81P/Wild 2	1.58261805	0.54022133	3.24260
82P/Gehrels 3	3.62662379	0.12567579	1.12717
83P/Russell 1	2.18191689	0.43759382	17.74173
84P/Giclas	1.84585283	0.49363485	7.28164
85P/Boethin	1.15816099	0.77436435	4.87674
86P/Wild 3	2.31028659	0.36447732	15.43859
87P/Bus	2.18090875	0.37500738	2.57415
88P/Howell	1.40612904	0.55267218	4.39840
89P/Russell 2	2.27641839	0.39967819	12.04170
90P/Gehrels 1	2.96552721	0.50885830	9.61632
91P/Russell 3	2.51006761	0.34409548	14.09578
92P/Sanguin	1.80742434	0.66337243	18.76443
93P/Lovas 1	1.69178980	0.61311936	12.23658
94P/Russell 4	2.22927650	0.36509787	6.18811
95P/Chiron	8.45392943	0.38311277	6.92997
95P/Chiron	8.43964397	0.37949515	6.94127
96P/Machholz 1	0.12471818	0.95863646	60.07425
97P/Metcalf-Brewington	2.60519790	0.45716420	17.95306
98P/Takamizawa	1.58522154	0.57516342	9.48972
99P/Kowal 1	4.67226726	0.23247378	4.39196
100P/Hartley 1	1.81868323	0.45060895	25.72329

A.9 Bahnelemente periodischer Kometen

ω	Ω	t_0	Epoche	
134.09602	149.00451	2003/10/09.43374	2003/10/08	53P
1.92895	359.01752	1995/04/09.46602	1995/03/24	54P
172.49713	235.25865	1998/02/28.09665	1998/03/08	55P
44.10969	346.44414	1993/06/22.42612	1993/06/22	56P
115.21631	188.98507	1996/03/05.70949	1996/03/18	57P
200.35246	160.71772	1995/10/06.60813	1995/10/10	58P
127.44844	313.03570	1999/09/16.34812	1999/09/19	59P
203.18564	288.20028	1999/03/08.18432	1999/03/03	60P
216.62372	166.88042	2001/05/09.00811	2001/05/11	61P
22.76942	96.81038	1998/04/19.05116	1998/04/17	62P
167.99049	358.52474	1999/12/27.08150	1999/12/08	63P
92.40571	306.13857	2000/04/21.87447	2000/04/06	64P
196.81886	68.51776	1996/07/24.39643	1996/07/16	65P
257.25207	22.21415	2003/08/28.23357	2003/08/29	66P
11.38692	51.00618	1996/01/17.65583	1995/12/29	67P
154.54340	175.54315	1998/05/01.66535	1998/04/17	68P
355.37078	108.85883	1997/12/12.25982	1997/12/18	69P
1.96380	119.29870	2000/09/14.83901	2000/09/13	70P
208.84901	59.72341	1995/05/31.09694	1995/06/12	71P
337.57734	36.38849	1996/05/29.79508	1996/06/06	72P
198.76757	69.94798	1995/09/22.88943	1995/10/10	73P-C
86.65410	77.15564	2001/01/15.63012	2001/01/11	74P
175.69502	269.68263	2001/02/27.34220	2001/02/20	75P
0.07329	84.12491	2000/06/01.25454	2000/05/16	76P
195.79668	15.65624	1995/10/09.31765	1995/10/10	77P
192.76727	210.62761	1997/08/07.04097	1997/08/20	78P
251.61457	309.23867	1997/11/14.51802	1997/11/08	79P
338.40500	260.00658	1998/08/11.64160	1998/08/15	80P
41.76822	136.15622	1997/05/06.62725	1997/04/22	81P
227.94866	239.68930	2001/09/03.06823	2001/09/08	82P
333.89432	226.43788	1998/08/25.72314	1998/08/15	83P
276.41810	112.48941	1999/08/25.13062	1999/08/10	84P
22.32553	14.41821	1997/04/17.70423	1997/04/22	85P
179.16198	72.61291	2001/06/18.60223	2001/06/20	86P
24.14562	182.20751	2000/12/29.75714	2001/01/11	87P
234.91139	57.66571	1998/09/27.18721	1998/09/24	88P
249.16953	42.53741	1994/10/27.30711	1994/10/15	89P
28.19647	13.52836	2002/06/23.01762	2002/06/15	90P
353.43056	248.67176	1997/11/19.21980	1997/11/08	91P
163.04976	182.34979	2002/09/23.04985	2002/10/13	92P
74.49277	340.01965	1998/10/14.15081	1998/11/03	93P
93.27039	70.96938	1997/02/03.49856	1997/02/01	94P
339.55367	209.38454	1996/02/14.74598	1996/02/07	95P
339.05440	209.39345	1996/02/04.54957	2000/09/13	95P
14.58611	94.53202	1996/10/15.06967	1996/10/04	96P
229.58626	186.43453	2001/04/10.07264	2001/04/01	97P
147.80085	124.84583	1998/11/07.99052	1998/11/03	98P
174.78643	28.77290	1992/03/13.90485	1992/02/28	99P
178.93282	38.90295	1997/05/28.51702	1997/06/01	100P

Name	q	e	i
101P/Chernykh	2.35630412	0.59350790	5.07784
102P/Shoemaker 1	1.97940467	0.47151968	26.26095
103P/Hartley 2	1.03172160	0.70037482	13.61887
104P/Kowal 2	1.39662318	0.58520734	15.48913
105P/Singer Brewster	2.03237173	0.41275702	9.18770
106P/Schuster	1.54971878	0.58792150	20.13871
107P/Wilson-Harrington	1.00031171	0.62156791	2.78401
107P/Wilson-Harrington	1.00078521	0.62149539	2.78391
108P/Ciffreo	1.71335324	0.54263506	13.09292
109P/Swift-Tuttle	0.95821707	0.96358925	113.42664
110P/Hartley 3	2.47831597	0.31464957	11.68880
111P/Helin-Roman-Crockett	3.48961042	0.13871044	4.23106
112P/Urata-Niijima	1.45786108	0.58777370	24.20474
113P/Spitaler	2.12726540	0.42354477	5.77657
114P/Wiseman-Skiff	1.56943289	0.55649625	18.29090
115P/Maury	2.02629221	0.52236358	11.69444
116P/Wild 4	1.98906393	0.40780165	3.71953
117P/Helin-Roman-Alu 1	3.71482994	0.17569993	9.74249
118P/Shoemaker-Levy 4	2.02113554	0.42051116	8.47343
119P/Parker-Hartley	3.04521902	0.29059619	5.18584
120P/Mueller 1	2.73949392	0.33737490	8.79590
121P/Shoemaker-Holt 2	2.66430184	0.33672829	17.69677
122P/de Vico	0.65889162	0.96273793	85.39111
123P/West-Hartley	2.13296820	0.44778187	15.34605
124P/Mrkos	1.41289710	0.55424925	31.47086
125P/Spacewatch	1.53990821	0.50908891	9.96901
126P/IRAS	1.70268556	0.69659009	45.96159
127P/Holt-Olmstead	2.15349554	0.37047307	14.40685
128P-B/Shoemaker-Holt 1	3.04703240	0.32127328	4.36165
128P-A/Shoemaker-Holt 1	3.04703191	0.32127373	4.36151
129P/Shoemaker-Levy 3	2.81735061	0.24790538	5.00840
130P/McNaught-Hughes	2.11629214	0.40411257	7.30336
131P/Mueller 2	2.41214312	0.34389905	7.35552
132P/Helin-Roman-Alu 2	1.91001764	0.53165214	5.77565
133P/Elst-Pizarro	2.62770933	0.16744375	1.38459
134P/Kowal-Vavrova	2.57535068	0.58718787	4.34523
135P/Shoemaker-Levy 8	2.72118832	0.28945857	6.05041
136P/Mueller 3	3.01061466	0.28868514	9.41417
137P/Shoemaker-Levy 2	1.86857554	0.57970436	4.65703
138P/Shoemaker-Levy 7	1.69719759	0.53112112	10.08889
139P/Vaisala-Oterma	3.38145202	0.24832883	2.33224
140P/Bowell-Skiff	1.97187717	0.69176166	3.83653
141P-A/Machholz 2	0.74893260	0.75106967	12.81129
141P-D/Machholz 2	0.74900569	0.75106241	12.81184
142P/Ge-Wang	2.49686285	0.50022878	12.17508
143P/Kowal-Mrkos	2.54681859	0.40901696	4.68384

A.9 Bahnelemente periodischer Kometen

ω	Ω	t_0	Epoche	
263.24423	130.39269	1992/01/25.45100	1992/01/19	101P
18.67806	339.97426	1999/03/16.99393	1999/03/03	102P
180.72205	219.95455	1997/12/22.01729	1997/12/18	103P
191.89261	246.14722	1998/03/02.15305	1998/03/08	104P
46.80297	192.54589	1999/04/06.44980	1999/04/12	105P
355.85844	50.58926	1999/12/16.22599	1999/12/08	106P
90.88933	270.96368	1996/12/06.33108	1996/12/23	107P
91.08202	270.82844	2001/03/26.62427	2000/09/13	107P
358.05136	53.72153	2000/04/18.42384	2000/04/06	108P
153.00145	139.44437	1992/12/12.32401	1992/12/04	109P
167.93904	287.75268	2001/03/21.41596	2001/04/01	110P
10.13244	91.98915	1996/10/31.78357	1996/11/13	111P
21.45770	31.94394	2000/03/04.39203	2000/02/26	112P
50.06483	14.52492	2001/02/25.87042	2001/02/20	113P
172.82059	271.06997	2000/01/11.73424	2000/01/17	114P
119.82790	176.83123	1994/03/18.72144	1994/03/29	115P
170.74758	22.06611	1996/08/31.23072	1996/08/25	116P
215.07756	73.47247	1997/03/26.87674	1997/03/13	117P
301.97989	152.09630	1997/01/12.11273	1997/02/01	118P
181.09764	244.22589	1996/06/24.79693	1996/06/06	119P
29.91667	4.56194	1996/04/24.65006	1996/04/27	120P
6.12711	99.71992	1996/08/20.04616	1996/08/25	121P
12.97676	79.61803	1995/10/06.02376	1995/10/10	122P
102.97197	46.66582	1996/05/12.89519	1996/04/27	123P
180.52177	1.65278	1996/11/09.07464	1996/11/13	124P
87.27065	153.36891	1996/07/14.58836	1996/07/16	125P
356.88696	357.70071	1996/10/29.99471	1996/11/13	126P
6.25568	14.06122	1997/02/06.65591	1997/02/01	127P
210.21858	214.52744	1997/11/20.29531	1997/11/08	128P-B
210.21448	214.52731	1997/11/20.27779	1997/11/08	128P-A
181.37991	303.71164	1998/03/04.88600	1998/03/08	129P
224.36812	89.97252	1998/02/23.78367	1998/03/08	130P
179.64101	214.28455	1997/11/22.20838	1997/11/08	131P
220.95867	178.47978	1997/11/10.09267	1997/11/08	132P
133.33319	160.26282	1996/04/18.48249	1996/04/27	133P
18.71140	202.28583	1998/11/18.85455	1998/11/03	134P
22.58748	213.31730	1999/12/10.51499	1999/12/08	135P
225.41738	137.96646	1999/03/20.34454	1999/03/03	136P
142.02050	234.75339	2000/02/05.82397	2000/01/17	137P
95.52264	309.51807	1998/08/24.56588	1998/08/15	138P
165.54388	242.46835	1998/09/28.78887	1998/09/24	139P
173.08677	343.45646	1999/05/14.81193	1999/05/22	140P
149.30141	246.13713	1999/12/09.27433	1999/12/08	141P-A
149.29181	246.13363	1999/12/09.95528	1999/12/08	141P-D
177.38692	177.14413	1999/06/21.46102	1999/07/01	142P
320.58924	245.49860	2000/07/01.79764	2000/06/25	143P

A.10 Wichtige Zahlenwerte

Einheiten

In der Ephemeridenrechnung werden anstelle der Grundeinheiten m, kg und s meist die folgenden Einheiten verwendet:

Zeit	Tag (d) zu je 86400 SI-Sekunden
Masse	Sonnenmasse ($M_\odot$)
Entfernung	Astronomische Einheit (AE)

Die genaue Definition der AE erfolgt indirekt über das Gravitationsgesetz. Sei m die Masse eines um die Sonne umlaufenden Planeten, n die zeitliche Änderung der mittleren Anomalie in rad/d, a die große Halbachse der Bahn in AE, dann gilt:

$$n^2 a^3 = k^2(1+m)$$

Darin ist k die so genannte Gaußsche Gravitationskonstante, die als

$$k = 0.01720209895$$

definiert ist. Für die Erde erhält man aufgrund dieser Definition eine große Halbachse von $a = 1.000000031$ AE.

Allgemeine Größen

Lichtgeschwindigkeit	c	$= 299\,792\,458$ m/s
Erdradius (Äquator)	$r_\oplus$	$= 6\,378.137$ km
Astronomische Einheit	AE	$= 149\,597\,870$ km
Gravitationskonstante	G	$= 6.672(59) \cdot 10^{-11}$ m^{3}kg^{-1}s^{-2}
Sonnenmasse	$M_\odot$	$= 1.9891 \cdot 10^{30}$ kg
Sonnenmasse/Erdmasse	$M_\odot/M_\oplus$	$= 332\,946.0$
Mondmasse/Erdmasse	μ	$= 0.01230002$

A.10 Wichtige Zahlenwerte

Planetenmassen

Angegeben ist das Verhältnis der Sonnenmasse zu den Massen der Planeten einschließlich ihrer Monde (Quelle DE405 [35]).

Planet	$M_\odot/m$
Merkur	6 023 600
Venus	408 523.71
Erde	328 900.56
Mars	3 098 708
Jupiter	1 047.3486
Saturn	3 497.898
Uranus	22 902.98
Neptun	19 412.24
Pluto	135 000 000

Radien

Angegeben sind der Äquatorradius und – bei abgeplatteten Planeten – der Radius am Pol. Die Werte für die Riesenplaneten beziehen sich auf eine Referenzfläche mit einem Druck von 1 bar (nach [41]).

Planet	$R_{\text{Äqu}}$ [km]	R_{Pol} [km]
Sonne	696 000	
Merkur	2 440	
Venus	6 051.893	
Erde	6 378.137	6 356.75
Mond	1 738	
Mars	3 397	3 375
Jupiter	71 492	66 854
Saturn	60 268	54 364
Uranus	25 559	24 973
Neptun	24 766	24 342
Pluto	1 137	

Glossar

Aberration: Die aufgrund der endlichen Lichtgeschwindigkeit auftretende Verschiebung des scheinbaren Ortes eines Sterns oder Planeten gegenüber dem geometrischen Ort. (→stellare Aberration; →Lichtlaufzeit).

Äquator: Die Schnittlinie der Erdkugel mit einer Ebene durch den Erdmittelpunkt, die senkrecht auf der Rotationsachse steht. Entsprechend bezeichnet der Himmelsäquator einen Großkreis, der die nördliche und die südliche Himmelshalbkugel voneinander trennt. Er bildet die Bezugsebene für das äquatoriale Koordinatensystem mit den Koordinaten →Rektaszension und →Deklination.

Äquinoktium: Referenzzeitpunkt zur genauen Definition von Äquator, Ekliptik und Frühlingspunkt und zur Berücksichtigung der →Präzession bei der Angabe astronomischer Koordinaten. Am häufigsten werden das Äquinoktium des Datums und das Äquinoktium →J2000 verwendet.

astrometrische Koordinaten: Koordinaten von Planeten und Kleinkörpern im Sonnensystem, die direkt mit katalogisierten Sternpositionen verglichen werden können. Sie berücksichtigen die →Lichtlaufzeit und beziehen sich meist auf Äquator und Frühlingspunkt der festen Standardepoche →J2000.

Astronomische Einheit: Eine Längeneinheit, die zur Angabe von Entfernungen im Sonnensystem verwendet wird. Eine Astronomische Einheit (AE) ist näherungsweise gleich der mittleren Entfernung zwischen der Erde und der Sonne und beträgt etwa 149.6 Millionen km.

aufsteigender Knoten: Derjenige Bahnpunkt, in dem ein Himmelskörper die Ekliptik von Süden nach Norden durchquert.

Azimut: Eine Koordinate im →Horizontsystem. Das Azimut gibt den von Süden aus nach Westen positiv gezählten Winkel der Richtung an, in der ein Beobachter ein Gestirn sieht.

B1950: Beginn des Besseljahres 1950 (B1950 = JD 2433282.423 = Jan $0^د.923$, 1950). Lange Zeit gebräuchlicher Bezugspunkt in der astronomischen Zeitzählung, der heute durch die Standardepoche →J2000 abgelöst ist.

Deklination: Der rechtwinklig zum →Äquator gemessene Winkel zwischen einem Gestirn und dem Äquator. Die Deklination bildet zusammen mit der →Rektaszension die Koordinaten des äquatorialen Koordinatensystems. (→Äquinoktium)

Dynamische Zeit (TDB, TDT): Physikalisches Zeitmaß, das zum Beispiel durch Atomuhren realisiert werden kann. Die Dynamische Zeit ist wie die →Ephemeridenzeit eine gleichförmige Zeitzählung, die jedoch dem Zusammenhang von Raum und Zeit in der Relativitätstheorie Rechnung trägt. Während die Barycentrische Dynamische Zeit (TDB) die Zeit angibt, die ein Beobachter im Schwerpunkt des Sonnensystems messen würde, gibt die Terrestrische Dynamische Zeit (TDT) die Zeit an, die eine Uhr im Erdmittelpunkt anzeigen würde. Beide Zeitdefinitionen unterscheiden sich untereinander und von der →Ephemeridenzeit nur um wenige Millisekunden.

Ekliptik: Derjenige gedachte Großkreis, der als Schnittlinie der Erdbahnebene mit der Himmelskugel entsteht. Von der Erde aus gesehen wandert die Sonne im Lauf eines Jahres einmal durch die Ekliptik. Die Ekliptik dient als Bezugsebene für das ekliptikale Koordinatensystem mit den Koordinaten ekliptikale Länge und ekliptikale Breite (→ekliptikale Koordinaten).

ekliptikale Koordinaten: Der Ort eines Gestirns relativ zur →Ekliptik wird durch die Koordinaten Länge und Breite sowie das dazugehörige →Äquinoktium festgelegt. Die ekliptikale Länge wird vom →Frühlingspunkt aus längs der Ekliptik nach Osten positiv gezählt. Die ekliptikale Breite ist der senkrecht zur Ekliptik gemessene Winkel zwischen einem Gestirn und der Ekliptik.

Elongation: Der Winkel, unter dem ein Beobachter zwei Gestirne sieht.

Ephemeride: Eine Tabelle, in der die Koordinaten eines Planeten, Kometen oder Asteroiden für einen bestimmten Zeitraum angegeben sind.

Ephemeridenzeit (ET): Eine gleichförmig ablaufende Zeitzählung, die zur Berechnung der Koordinaten eines Planeten, Kometen oder Asteroiden herangezogen wird. Die Ephemeridenzeit wurde eingeführt, um von den unregelmäßigen und nicht vorhersagbaren Schwankungen der Erdrotation, die die Grundlage für die Zählung der →Weltzeit bildet, unabhängig zu sein. Die Differenz zwischen der Weltzeit (UT) und der Ephemeridenzeit (ET) verschwand definitionsgemäß zu Beginn des 20. Jahrhunderts und beträgt gegenwärtig etwa eine Minute.

Frühlingspunkt: Derjenige Schnittpunkt der →Ekliptik mit dem →Äquator, in dem die Sonne auf ihrer scheinbaren jährlichen Bahn den Äquator von Süden nach Norden überschreitet. Dies ist gegenwärtig um den 21. März jeden Jahres der Fall. Der genaue Zeitpunkt dieses Ereignisses definiert den Beginn des Frühlings. Der Frühlingspunkt bildet die Bezugsrichtung zur Zählung der ekliptikalen Länge (→ekliptikale Koordinaten) und der →Rektaszension.

geographische Koordinaten: Zwei Größen (geographische Länge und geographische Breite), die einen Ort auf der Erdoberfläche eindeutig festlegen. Als Bezugsebene der geographischen Koordinaten dient der Erdäquator, während als Ausgangspunkt der Längenzählung nach internationaler Übereinkunft der →Meridian von Greenwich verwendet wird.

geozentrische Koordinaten: Auf den Erdmittelpunkt bezogene Koordinaten.

halber Tagbogen: Die Hälfte desjenigen Winkelbogens einer Gestirnsbahn, die über dem →Horizont des Beobachters verläuft. Drückt man den halben Tagbogen im Zeitmaß aus, so gibt er die in →Sternzeit gemessene Zeit vom Aufgang bis zur →Kulmination oder von der Kulmination bis zum Untergang des Gestirns an.

heliographische Koordinaten: Analog zu den →geographischen und planetographischen Koordinaten definierte Größen zur eindeutigen Festlegung von Orten an der Oberfläche der Sonne.

heliozentrische Koordinaten: Auf den Mittelpunkt der Sonne bezogene Koordinaten.

Glossar

Höhe: Darunter versteht man in der sphärischen Astronomie den von einem Beobachter auf der Erdoberfläche gemessenen Winkel zwischen einem Gestirn und dem →Horizont. Die tatsächliche Höhe eines Gestirns weicht infolge der →Refraktion von seiner beobachteten Höhe um bis zu 35' ab.

Horizont: Die gedachte Schnittlinie einer Tangentialebene an die Erdoberfläche im Standpunkt des Beobachters mit der Himmelskugel. Der Horizont dient als Bezugsebene für das →Horizontsystem mit den Koordinaten →Azimut und →Höhe.

Horizontsystem: Ein Koordinatensystem, das sich auf den lokalen Horizont des Beobachters bezieht und in dem das →Azimut und die →Höhe als Koordinaten verwendet werden. Das Horizontsystem findet beispielsweise bei der Berechnung von Auf- und Untergangszeiten der Gestirne Verwendung. Zur Angabe von Ephemeriden in einem Jahrbuch ist es jedoch ungeeignet, weil Azimut und Höhe eines Gestirns vom Beobachtungsort abhängen und sich infolge der Erddrehung ständig verändern.

J2000: Standardepoche, auf die in der astronomischen Zeitzählung immer wieder Bezug genommen wird. Sie fällt mit dem Mittag des ersten Januars 2000 (1.5 Jan 2000 = JD 2451545.0) zusammen. Der Buchstabe »J« kennzeichnet, dass es sich um eine julianische Standardepoche handelt. Aufeinanderfolgende julianische Standardepochen unterscheiden sich üblicherweise um volle julianische Jahrhunderte zu je 36525 Tagen (z.B. J1900 = JD 2415020.0). (→B1950)

Keplerproblem: Andere Bezeichnung für das →Zweikörperproblem.

Kulmination: Der Moment, in dem ein Gestirn seine größte (oder kleinste) Höhe über dem →Horizont erreicht. Die Kulmination findet statt, wenn das Gestirn den →Meridian passiert.

Lichtlaufzeit: Während der Zeit, die das Licht benötigt, um die Strecke zur Erde zurückzulegen (499 Sekunden pro Astronomische Einheit), bewegt sich ein Planet in seiner Bahn ein kleines Stück weiter. Der beobachtete Ort entspricht deshalb nicht dem tatsächlichen Ort des Planeten zur Beobachtungszeit.

Mehrkörperproblem: Die Aufgabe, die Bewegung von mehr als zwei Körpern unter dem Einfluss ihrer gegenseitigen Anziehungskräfte zu berechnen. Während sich das Zweikörperproblem geschlossen lösen lässt, ist dies beim Mehrkörperproblem im Allgemeinen nicht möglich. Zur mathematischen Behandlung verwendet man neben analytischen Näherungen (Reihenentwicklungen) meist numerische Methoden.

Meridian: In der Astronomie bezeichnet man so einen Großkreis an der Himmelskugel, der durch den →Zenit des Beobachters läuft und den →Horizont im Nordpunkt und im Südpunkt schneidet (→Kulmination). In der Geographie bezeichnet der Begriff »Meridian« einen Großkreis auf der Erdoberfläche, in dessen Ebene die Erdachse liegt. Alle Meridiane verlaufen durch die Erdpole und schneiden den Erdäquator unter einem rechten Winkel. Meridiane dienen zur Angabe der geographischen Länge eines Ortes auf der Erde.

Nullmeridian: Derjenige Längengrad im System →planetographischer Koordinaten, der als Referenzmeridian der Längenzählung definiert wurde.

Nutation: Eine der →Präzession überlagerte Schwingung der Erdachse um ihre mittlere Lage. Die Periode der Nutation beträgt 18.6 Jahre und wird durch den Umlauf des aufsteigenden Knotens der Mondbahn bestimmt.

Parallaxe: Durch Variation des Beobachtungsortes hervorgerufene scheinbare Positionsveränderung eines Gestirns vor dem Hintergrund der Fixsterne. Die Parallaxe ist für Gestirne in geringer Entfernung am größten und macht sich daher hauptsächlich beim Mond und (in weitaus geringerem Maße) bei erdnahen Kometen und Asteroiden bemerkbar (→topozentrische Koordinaten).

perifokale Koordinaten: Position eines Himmelskörpers relativ zur Bahnebene und zur Apsidenlinie.

Perigäum: Der erdnächste Punkt der Mondbahn oder einer Satellitenbahn.

Perihel: Der sonnennächste Punkt einer Planeten- oder Kometenbahn.

physische Ephemeriden: Diejenigen Größen, die den Anblick eines Himmelskörpers im Teleskop beschreiben. Hierzu zählen z.B. der scheinbare Durchmesser, die Helligkeit, die Lage des →Zentralmeridians und der →Positionswinkel der Rotationsachse.

planetographische Koordinaten: Winkelgrößen zur Festlegung von Orten an der Oberfläche eines Himmelskörpers, die den geographischen Koordinaten auf der Erde entsprechen.

Positionswinkel: Ein an der scheinbaren Himmelssphäre gemessener Winkel zwischen einer Bezugsrichtung und einer gegebenen Blickrichtung (z.B. zur Sonne oder zum Pol eines Planeten). Üblicherweise wird der Positionswinkel von Norden ausgehend über Osten zunehmend im Gradmaß gezählt.

Präzession: Die langfristige Verlagerung der Ekliptik und des Himmelsäquators. Durch die Störkräfte der Sonne und des Mondes steht die Rotationsachse der Erde nicht fest im Raum. Sie wandert mit einer Periode von 26000 Jahren auf einem Kegelmantel um den mittleren Pol der Ekliptik. Dementsprechend verändert sich auch die Orientierung des Himmelsäquators. Die Kräfte der Planeten auf die Erdbahnebene führen zusätzlich zu einer langsamen Verlagerung der Ekliptik. Die Wanderung von Äquator, Ekliptik und →Frühlingspunkt erfordert, dass bei den →äquatorialen und →eklipikalen Koordinaten eines Gestirns immer ein Bezugszeitpunkt (→Äquinoktium) angegeben werden muss.

Refraktion: Die Brechung von Lichtstrahlen in der Erdatmosphäre. Einem Beobachter am Boden erscheint ein Gestirn in einer etwas größeren Horizonthöhe, als ohne den Einfluss der Refraktion. In Horizontnähe muss ein Lichtstrahl einen besonders langen Weg durch die Atmosphäre zurücklegen. Daher macht sich die Refraktion beim Auf- oder Untergang der Gestirne am stärksten bemerkbar.

Rektaszension: Eine Koordinate des →äquatorialen Koordinatensystems. Die Rektaszension wird vom →Frühlingspunkt aus längs des →Äquators nach Osten positiv gezählt. Der sich ergebende Winkel wird üblicherweise im Zeitmaß ($15° \triangleq 1^h$) mit einer Unterteilung in Stunden, Minuten und Sekunden angegeben.

Rotationssystem: Eine nach internationaler Übereinkunft festgelegte Definition zur Zählung der →planetographischen Länge auf den Riesenplaneten. Weil die jupiterähnlichen Planeten keine mit konstanter Winkelgeschwindigkeit rotierende feste Oberfläche haben, ist eine Unterscheidung nach Bereichen verschiedener planetographischer Breite in Gebrauch. Das Rotationssystem wird mit einer römischen Ziffer bezeichnet (»I«...»III«).

scheinbare Koordinaten: Koordinaten eines Gestirns, wie sie zum Beispiel beim Einstellen mit den Teilkreisen eines Fernrohrs benötigt werden. Scheinbare Koordinaten beziehen sich auf die aktuelle Orientierung der Erdachse und beinhalten deshalb Korrekturen für →Präzession und →Nutation. Berücksichtigt wird ferner die →stellare Aberration und bei Körpern des Sonnensystems die →Lichtlaufzeit.

stellare Aberration: Der Unterschied zwischen der Richtung eines Lichtstrahls für einen relativ zur Sonne ruhenden und einen sich mit der Erde mitbewegenden Beobachter.

Sternzeit: Die Rektaszension der Sterne, die ein Beobachter gerade im Meridian sieht. Ein Sterntag entspricht der Dauer einer Erdumdrehung und dauert rund $23^h 56^m$ Weltzeit.

Stundenwinkel: Differenz zwischen der lokalen →Sternzeit und der →Rektaszension eines Gestirns. Der Stundenwinkel ist damit ein Maß für die Zeit, die seit der letzten →Kulmination des Himmelskörpers vergangen ist.

topozentrische Koordinaten: Koordinaten, die sich auf den Ort des Beobachters auf der Erdoberfläche beziehen. Topozentrische und →geozentrische Koordinaten unterscheiden sich durch die →Parallaxe.

Universal Time (UT): Englische Bezeichnung für die →Weltzeit.

Weltzeit: Eine aus der Erddrehung abgeleitete Zeitzählung, die die Grundlage der bürgerlichen Zeitrechnung bildet. Die Weltzeit kann aus der Beobachtung des Meridiandurchgangs von Gestirnen bekannter →Rektaszension ermittelt werden. Da die Erdrotation ungleichförmigen Schwankungen unterworfen ist, bildet die Weltzeit keine kontinuierlich verlaufende Zeitzählung (→Ephemeridenzeit, →Dynamische Zeit).

Zenit: Der senkrecht über einem Beobachter gedachte Punkt der Himmelskugel. Die →Höhe des Zenits beträgt also 90°.

Zentralmeridian: Der durch den Mittelpunkt des scheinbaren Planetenscheibchens verlaufende Längengrad. Entspricht der planetographischen Länge der Erde.

Zweikörperproblem: Die Aufgabe, die Bewegung zweier Körper unter dem Einfluss ihrer gegenseitigen Anziehungskräfte zu berechnen. Das Zweikörperproblem beschreibt in vereinfachender Weise die Bewegung eines Planeten, Kometen oder Asteroiden um die Sonne, wobei Störungen durch die anderen Körper im Sonnensystem vernächlässigt werden. Die Bedeutung des Zweikörperproblems für die Ephemeridenrechnung liegt in seiner relativ einfachen mathematischen Lösbarkeit begründet.

Nachdruck aus [26] mit freundlicher Genehmigung des Springer Verlags, Heidelberg.

Literaturverzeichnis

[1] *Astronomical Almanac*; U. S. Government Printing Office, Her Majesty's Stationery Office; Washington, London.

[2] Aoki S., Guinot B., Kaplan G. H., Kinoshita H., McCarthy D. D., Seidelman P. K.; *The New Definition of Universal Time*; Astronomy and Astrophysics **105**, 359–361 (1982).

[3] Batrakov Yu. V., Shor V. A.; *Catalogue of Orbital elements and Photometric parameters of 7316 Minor Planets numbered by 25 November, 1996*; Institut für Theoretische Astronomie; St. Petersburg, Russia (1997).

[4] Bretagnon P., Francou G.; *Planetary Theories in rectangular and spherical variables: VSOP87 solution*; Astron. Astrophys. **202**, 309 (1988).

[5] Bretagnon P., Simon J.-L.; *Tables for the motion of the sun and the five bright planets from -4000 to +2800; Tables for the motion of Uranus and Neptun from +1600 to +2800*; Willmann-Bell; Richmond, Virginia (1986).

[6] Bucerius H., Schneider M.; *Himmelsmechanik I-II*; Bd. 143/144, Bibliographisches Institut; Mannheim (1966).

[7] Chapront-Touzé M., Chapront J.; *ELP 2000-85: a semi-analytical lunar ephemeris adequate for historical times*; Astronomy & Astrophysics, **190**, 342 (1988).

[8] Chapront J.; *Representation of planetary ephemerides by frequency analysis. Application to the five outer planets*; Astronomy & Astrophysics Suppl. Ser. **109**, 181 (1995).

[9] Colwell P.; *Solving Kepler's Equation over Three Centuries*; Willmann-Bell; Richmond, Virginia (1993).

[10] Danjon A.; *Astronomie Gènèrale*; J.& R. Sennac, Paris 1980;

[11] Davies M. E., Abalakin V. K., Bursa M., Lieske J. H., Morando B., Morrison D., Seidelmann P. K., Sinclair A. T., Yallop B., Tjuflin Y. S.; *Report of the IAU/IAG/COSPAR Working Group on Cartographic Coordinates and Rotational Elements of the Planets and Satellites: 1994*; Cel. Mech. Dyn. Astron. **63**, 127 (1996). *Siehe auch:* Cel. Mech. **22**, 205 (1980), **29**, 309 (1983), **39**, 103 (1986), **46**, 187 (1989), **53**, 377 (1992).

[12] *Explanatory Supplement to the American Ephemeris and Nautical Almanac*; U. S. Government Printing Office, Her Majesty's Stationery Office; Washington, London (1974); Vollständig überarbeitete Neuauflage von P. K. Seidelmann (ed.); University Science Books (1992).

[13] van Flandern T. C., Pulkkinen K. F.; *Low precision formulae for planetary positions*; Astrophysical Journal Supplement Series, vol. 41, p. 391; (1979).

[14] Goffin E., Meeus J., Steyart C.; *An accurate representation of the motion of Pluto*; Astronomy and Astrophysics, vol. 155, p. 323; (1986).

[15] Green R. M.; *Spherical Astronomy* Cambridge University Press; Cambridge (1985).

[16] Guthmann A.; *Einführung in die Himmelsmechanik und Ephemeridenrechung*; Spektrum Akademie Verlag, Heidelberg; 2. Auflage (1994).

[17] *Improved Lunar Ephemeris 1952-1959*; Nautical Almanac Office; Washington (1954).
[18] Keller H.-U.; *Kosmos Himmelsjahr*; Kosmos Verlag, Stuttgart.
[19] Landolt-Börnstein; *Zahlenwerte und Funktionen aus Naturwissenschaften und Technik*, Neue Serie, Gruppe VI; Astronomie, Astrophysik und Weltraumforschung; Springer Verlag, Berlin-Heidelberg-New York (1982).
[20] Laskar J., Joutel F., Boudin F.; *Orbital, precessional, and insolation quantities for the Earth from -20 Myr to +10 Myr*; Astron. Astrophys. **270**, 522 (1993).
[21] Lichtenberg H., Gerhards L., Graßl A., Zemanek H.; *Die Struktur des Gregorianschen Kalenders*; Sterne und Weltraum **37**, 326–332 (1998).
[22] Lieske J. H., Lederle T., Fricke W., Morando B.; *Expressions for the Precession Quantities Based upon the IAU (1976) System of Astronomical Constants*; Astronomy and Astrophysics, vol. 58, pp. 1-16 (1977).
[23] Marsden B.; *Catalogue of Cometary Orbits*; Central Bureau for Astronomical Telegrams, Smithsonian Astrophysical Observatory, Cambridge MA; 13th ed. (1999).
[24] McNally D.; *Positional Astronomy*; Muller Educational; London (1974).
[25] Meeus J.; *Astronomical Algorithms*; Willmann-Bell; Richmond, Virginia; 2nd ed. (1998).
[26] Montenbruck O., Pfleger Th.; *Astronomie mit dem Personal Computer*; Springer Verlag, Heidelberg, 3. Auflage (1999).
[27] Montenbruck O., Gill E.; *Satellite Orbits*; Springer Verlag, Heidelberg (2000).
[28] Moyer G.; *The Origin of the Julian Day System*; Sky and Telescope, **61/4**, 311–313 (1982).
[29] Neckel Th., Montenbruck O.; *Ahnerts Astronomisches Jahrbuch*; Verlag Sterne und Weltraum, Heidelberg.
[30] Newcomb S.; *Tables of the motion of the Earth, Tables of the heliocentric motion of Mercury, Tables of the heliocentric motion of Venus, Tables of the heliocentric motion of Mars*; Astronomical Papers of the American Ephemeris, **VI**, part 1–4; Washington (1898).
[31] Newhall X. X., Standish E. M. Jr., Williams J. G.; *DE102: a numerically integrated ephemeris of the moon and planets spanning fourty-four centuries*; Astronomy and Astrophysics **125**, 150–167 (1983).
[32] Schneider M.; *Himmelsmechanik I-IV*; Bibliographisches Institut, Mannheim, und Spektrum Akademie Verlag, Heidelberg (1992-1999).
[33] Seidelmann P. K.; *1980 IAU Theory of Nutation: The Final Report of the IAU Working Group on Nutation*; Celestial Mechanics **27**, 79–106 (1982).
[34] Smith G. R.; *A Simple, Efficient Starting Value for the Iterative Solution of Kepler's Equation*; Celestial Mechanics, Vol. 19, pp. 163-166 (1979).
[35] Standish E. M.; *JPL Planetary and Lunar Ephemerides, DE405/LE405*; JPL Interoffice Memorandum IOM 312.F–98–048, Aug. 26 (1998).
[36] Stumpff K.; *Himmelsmechanik I-III*; VEB Deutscher Verlag der Wissenschaften, Berlin (1959,1965,1974).
[37] *Transactions of the IAU – Proceedings of the ... General Assembly*; D. Reidel Publishing Company
[38] Wittmann W.; *The Obliquity of the Ecliptic*; Astronomy and Astrophysics, Vol. 73, pp. 129–131 (1979).

[39] Waldmeier M.; *Leitfaden der astronomischen Orts- und Zeitbestimmung*; Verlag H. R. Sauerländer & Co., Aarau (1958).
[40] Wolf R.; *Handbuch der Astronomie*; Verlag F. Schulthess, Zürich (1892); Nachdruck: Meridian Publ., Amsterdam (1973).
[41] Yoder C. F.; *Astrometric and Geodetic Properties of Earth and the Solar System (1-1)*; in *AGU Reference Shelf 1 – Global Earth Physics*; American Geophysical Union (1995).
[42] Zemanek H.; *Kalender und Chronologie*; Oldenbourg Verlag, München-Wien (1981).

Allgemeine Werke

Astronomische Berechnungen:
▷ [25], [26]
Himmelsmechanik und sphärische Astronomie:
▷ [16], [6], [10], [15], [24]
Für Fortgeschrittene:
▷ [36], [32]

Koordinatensysteme

Allgemein:
▷ [15], [12]
Refraktion:
▷ [12], [39]
Präzession und Nutation:
▷ [22], [33], [38], [20]

Zeit

Kalender:
▷ [28], [21], [12], [42]
▷ http://www.ptb.de/de/org/4/44/441/dars.htm#anchor-infos (Sommerzeit, Kalender, Ostern)
Zeitsysteme:
▷ [12]
▷ http://maia.usno.navy.mil/ (Aktuelle Werte TAI-UTC, UT1-UTC, etc.)
Sternzeit:
▷ [2], [12]

Zweikörperproblem

Theoretische Grundlagen:
▷ [6], [32], [36]
Keplergleichung:
▷ [9] [34], [40]

Mehrkörperproblem

Analytische Störungsreihen:
▷ [13], [5], [30]
▷ [4], ftp://ftp.bdl.fr/pub/ephem/planets/vsop87/ (VSOP87 Theorie)
▷ ftp://ftp.bdl.fr/pub/ephem/sun/slp96/ (Tschebyscheff Approximation VSOP87)

Nummerische Ephemeriden:
▷ [31] [12] [14],
▷ [35], http://ssd.jpl.nasa.gov/eph_info.html (JPL Development Ephemeriden)
▷ [8], ftp://cdsarc.u-strasbg.fr/pub/cats/VI/87/ (Fourierdarstellung DE403, 1900–2100)
▷ ftp://ftp.bdl.fr/pub/ephem/planets/pluto95/ (Fourierdarstellung Pluto DE200)

Nummerische Integrationsverfahren:
▷ [16], [27]

Mondbahn

Theorie:
▷ [6], [32], [36]

Ephemeriden:
▷ [17]
▷ [7], ftp://ftp.bdl.fr/pub/ephem/moon/elp82b/ (ELP2000 Theorie)
▷ ftp://ftp.bdl.fr/pub/ephem/sun/slp96/ (Tschebyscheff Approximation ELP2000)

Physische Ephemeriden

Rotationsparameter:
▷ [11], [1], [12]

Durchmesser und Abplattung:
▷ [41], http://www.agu.org/reference/gephys.html (AGU Reference Shelf)
▷ [11], [1], [12]

Helligkeit:
▷ [1], [12]

Bahnelemente

Planeten:
▷ [1], [41], [12], [41]

Kleinplaneten:
▷ [3], ftp://cdsarc.u-strasbg.fr/cats/I/245 (Leningrader Elemente)
▷ ftp://ftp.lowell.edu/pub/elgb/astorb.html (Lowell Datenbank)

Kometen:
▷ [23], http://cfa-www.harvard.edu/iau/Ephemerides/Comets/ (Aktuelle Kometen)
▷ http://ssd.jpl.nasa.gov/sb_elem.html (DASTCOM Datenbank)
▷ ftp://ftp.bdl.fr/pub/ephem/comets/elements/ (Zirkulare)

Nachschlagewerke

Jahrbücher:
▷ [1], [29], [18]

Konventionen:
▷ [37] [1] [12]

Sonstige:
▷ [19]
▷ http://www.agu.org/reference/gephys.html (AGU Reference Shelf)
▷ http://ssd.jpl.nasa.gov/astro_constants.html (Astronomische Konstanten)
▷ http://physics.nist.gov/cuu/ (Physikalische Konstanten)

Sachwortverzeichnis

Aberration 30
–E-Terme 31
Äquator 3,8
–wahrer 28
Äquinoktium 4,24
Anomalie
–exzentrische 55
–mittlere 55
–wahre 52
Aphel 52
Apsidenlinie 52,127
Argument der Breite 5
Astronomische Einheit 3,158
Atomzeit 43
Aufgang 18
aufsteigender Knoten 53
Azimut 10

B1950 24
Bahnebene 5,70
Bahnelemente
–äußere Planeten 140
–Ellipse 53
–Hyperbel 62
–innere Planeten 137
–oskulierende 69
–Parabel 59
Bahnneigung 53
–Mond 96
Barkersche Gleichung 59
Baryzentrische Dynamische Teit 44
Beleuchtungsdefekt 104
Beschleunigung 89
Bewegungsgleichung 81
Bogenmaß 3
Brahe 96
Breite
–Argument der 5
–ekliptikale 6,7
Brennpunkt 52,121

Caesium 43

Dämmerung 18
Deklination 8
Differentialgleichung 81
Drehimpulssatz 81,125
Drehmatrix 116
Durchmesser 18,101
Dynamische Zeit 44

Ekliptik 3,6,7
–Schiefe der 14,28
Ellipse 52
Elongation 102
Energiesatz 67,81
Entfernung 1,52
Ephemeridenzeit 44
Erdachse 3
ET 44
Evektion 96
exzentrische Anomalie 55
Exzentrizität 53
–Mondbahn 96

Fixpunktiteration 56
Flächengeschwindigkeit 67,70
Flächensatz 125
Frühlingspunkt 3,46
–Stundenwinkel des 9
–wahrer 28

Gaußsche Vektoren 12
Geradlinige Bahn 64
Geschwindigkeit 67
Gleichung
–Barkersche 59
–Keplersche 55,63
–parallaktische 96
Gradmaß 3
Gravitation 51
Gravitationskonstante 69
–Gaußsche 158
Gravitationskraft 81
Greenwich 45
Große Halbachse 53,62

Sachwortverzeichnis

–Erde 158

Halbachse 53,62
Halbmesser 98,101
Helligkeit 111
Herbstpunkt 3
Himmelsäquator 3
Höhe 10
–bei Auf-/Untergang 18
Horizontalparallaxe 15,18,98
Hyperbel 61
Hyperfeinniveau 43

Impulssatz 81
Inertialsystem 91
Integral 81

J2000 4,24
jährliche Ungleichheit 96
Julianisches Datum 41
–Tabelle 132

Kalender
–gregorianisch 41
–Julianisch 41
Kegelschnitt 51,119
Kegelschnittsgleichung 60
–Brennpunktsform 121
–Mittelpunktsform 122
–Scheitelpunktsform 120
Keplersche Gleichung 55,63
Konvergenz 56,65
Koordinaierte Weltzeit 46
Koordinaten
–astrometrische 30
–Bahnsystem 5
–ekliptikale 6,7
–geometrische 30
–geozentrische 7
–heliozentrische 6
–horizontale 10
–kartesische 1
–planetographische 109
–scheinbare 31
–sphärische 1
–topozentrische 9

Länge
–des aufsteigenden Knotens 11
–ekliptikale 6,7

–geographische 9
Leitlinie 58
Lichtlaufzeit 30,106

Matrix
–Drehung 116
–Präzession 27
Mehrkörperproblem 51,81
Meridiandurchgang 45
Mittelpunktsgleichung 57,65,96
mittlere Anomalie 55
–Hyperbel 63
Mond
–Horizontalparallaxe 15
Mondbahn 95

Newcomb 43,83
Newtonverfahren 56
Norden 10
Nordpol
–der Erde 8
–ekliptikaler 6,7
Nullmeridian 105
numerische Integration 87
Nutation 28

oskulierende Bahnelemente 69

Parabel 58
parallaktische Gleichung 96
Parallaxe 15,18
Parameter 58
Perihel 12,52,53
–Länge des 54
Perihelabstand 59
Periheldrehung 82
Periheldurchgang 53
Phase 104
Phasenwinkel 103
Positionswinkel
–der Achse 108
–der Sonne 102
Präzession 21
–Bahnelemente 26
–Matrixschreibweise 27

rechtläufig 11
Refraktion 17,18
Reihenentwicklung 65,96
Rektaszension 8

Rotationsachse 105
rückläufig 11
Rundungsfehler 87
Runge-Kutta-Verfahren 88

Schalttag 41
Schiefe der Ekliptik
–wahre 28
Schiefe der Ekliptik 14
Schwerpunkt 51,91
–Erde–Mond 98
Schwerpunktsatz 124
Seitencosinussatz 115
Sinus-Cosinussatz 115
Sinussatz 115
Sphärisches Dreieck 115
Sternzeit 9,18,46
Stundenwinkel 9,18,19
–der mittleren Sonne 45
Süden 10

tägliche Bewegung 54
TAI 43

TDB 44
Terrestrische Dynamische Zeit 44
Terrestrische Zeit
–Tabelle TT–UT 136
TT 44

Umlaufszeit 53
Untergang 18
UT 45
UTC 46

Variation 96
Vis-viva-Satz 67,127

Wahre Anomalie 52
Weltzeit 45
–Tabelle TT–UT 136
Winkelcosinussatz 115
Winkelgeschwindigkeit 67

Zeitmaß 3,9
Zenit 9
Zweikörperproblem 51

MIX
Papier aus verantwortungsvollen Quellen
Paper from responsible sources
FSC® C105338

If you have any concerns about our products,
you can contact us on
ProductSafety@springernature.com

In case Publisher is established outside the EU,
the EU authorized representative is:
Springer Nature Customer Service Center GmbH
Europaplatz 3, 69115 Heidelberg, Germany

Printed by Libri Plureos GmbH
in Hamburg, Germany